计算机课程改革实验教材系列

U0129007

CorelDRAW X4 案例教程

段 欣 主编

電子工業出版社

Publishing House of Electronics Industry

北京·BEIJING

内 容 简 介

为适应中等职业学校计算机课程改革的要求，从平面设计和制作技能培训的实际出发，结合当前平面设计软件的流行版本 CorelDRAW X4，我们组织编写了本书。本书的编写从满足经济发展对高素质劳动者和技能型人才的需要出发，在课程结构、教学内容、教学方法等方面进行了新的探索与改革创新，以利于学生更好地掌握本课程的内容，利于学生理论知识的掌握和实际操作技能的提高。

本书采用实训教学的方法，通过具体的任务案例讲述了 CorelDRAW X4 基础知识、手绘和形状工具的使用、填充和轮廓工具的使用、排列工具的使用交互式工具组的使用、位图和文本工具的使用等，并通过最后的综合应用，展示平面设计综合应用的相关技巧。

本书是中等职业学校计算机平面设计专业的基础教材，也可作为各类计算机培训班的教材，还可以供计算机平面设计、制作从业人员参考学习。

本书配有教学指南、电子教案、案例素材及习题答案，详见前言。

图书在版编目（CIP）数据

CorelDRAW X4 案例教程 / 段欣主编. —北京：电子工业出版社，2010.2
（计算机课程改革实验教材系列）

ISBN 978-7-121-10287-5

Ⅰ. C… Ⅱ. 段… Ⅲ. 图形软件，CorelDRAW X4－专业学校－教材 Ⅳ. TP391.41

中国版本图书馆 CIP 数据核字（2010）第 015274 号

策划编辑：关雅莉　　特约编辑：李新承
责任编辑：关雅莉　　杨　波
印　　刷：北京市李史山胶印厂
装　　订：
出版发行：电子工业出版社
　　　　　北京市海淀区万寿路 173 信箱　邮编　100036
开　　本：787×1092　1/16　印张：11　字数：281.6 千字
印　　次：2010 年 2 月第 1 次印刷
印　　数：5 000 册　定价：18.60 元

前　言

为适应中等职业学校技能紧缺人才培养的需要，根据计算机课程改革的要求，从平面设计和制作技能培训的实际出发，结合当前平面设计软件的流行版本 CorelDRAW X4，我们组织编写了本书。本书的编写从满足经济发展对高素质劳动者和技能型人才的需要出发，在课程结构、教学内容、教学方法等方面进行了新的探索与改革创新，以利于学生更好地掌握本课程的内容，利于学生理论知识的掌握和实际操作技能的提高。

本书按照"以服务为宗旨，以就业为导向"的职业教育办学指导思想，采用"行动导向，任务驱动"的方法，以实训引领知识的学习，通过实训的具体操作引出相关的知识点；通过"案例描述"、"案例分析"和"操作步骤"，引导学生在"学中做"、"做中学"，把基础知识的学习和基本技能的掌握有机地结合在一起，从具体的操作实践中培养自己的应用能力；并通过"知识链接"介绍相关知识，进一步开拓学生视野；最后通过"思考与实训"，促进读者巩固所学知识并熟练操作。本书的经典案例来自于生活，更符合中职学生的理解能力和接受程度。

本教材共分 6 章，依次介绍了 CorelDRAW X4 基础知识、手绘和形状工具的使用、填充和轮廓工具的使用、排列工具的使用交互式工具组的使用、位图和文本工具的使用、综合应用等内容。

本书由山东省教学研究室段欣主编，济南职业外语学校于斌副主编，济南职业外语学校高丽、山东电子职业学院李霞参编，一些职业学校的老师参与了程序测试、试教和修改工作，在此表示衷心的感谢。

由于编者水平有限，难免有错误和不妥之处，恩请广大读者批评指正。

为了提高学习效率和教学效果，方便教师教学，本书还配有教学指南、电子教案、案例素材及习题答案。请有此需要的读者登录华信教育资源网（http://www.hxedu.com.cn）免费注册后进行下载，有问题时请在网站留言板留言或与电子工业出版社联系（E-mail:hxedu@phei.com.cn）。

编　者
2010 年 2 月

目 录

第1章 CorelDRAW X4 基础知识

1.1　CorelDRAW X4　概述

CorelDRAW 是加拿大 Corel 公司的产品，是一种直观的图形设计应用软件，它界面简洁、明快，具有强大的矢量图形制作和处理功能，可以创建复杂多样的作品。较强的图文混排功能，强大的导入和导出功能（使它具有很好的兼容性），可以满足当今图形设计专业人员的需求，CorelDRAW X4 是当前的最新版本。

CorelDRAW X4 不仅是个矢量图形制作软件，同时也是一个大型的工具软件包，它包括 CorelDRAW X4 页面排版和矢量绘图软件，Corel PHOTO-PAINT X4 数字图像处理软件和 CorelCAPTURE X4 捕捉计算机屏幕图像软件等。无论是从事广告业、印刷业，还是制造业，CorelDRAW X4 都可以提供制作精良且富有创造性的矢量图和专业的版面设计，因此它被广泛地应用在以下几个方面。

1. 平面广告

无论对于初级还是专业的设计师而言，CorelDRAW 都是理想的平面设计工具，从标志设计、产品设计、宣传手册设计到平面广告设计，CorelDRAW 都能协助设计师灵活地进行构思和创作，高效展现各种创意。如图 1-1 所示为使用 CorelDRAW X4 设计制作的房地产广告。

2. 服饰设计

CorelDRAW 在服饰设计方面具有准确性高，使用简便的特点，受到越来越多的服饰设计师和打版师的信赖，成为服饰设计的首选解决方案。如图 1-2 所示为使用 CorelDRAW X4 设计的服饰。

图 1-1　房地产广告

图 1-2　服饰设计

3．字体设计

利用强大的矢量图形处理功能，CorelDRAW 可以在灯箱、霓虹灯及特效字体设计领域创作出特效文字。如图 1-3 所示为使用 CorelDRAW X4 设计的特效文字。

4．漫画设计

作为一款流行的图形设计软件，CorelDRAW 还可以结合 Flash 等矢量动画软件进行网页动画设计及漫画创作。如图 1-4 所示为使用 CorelDRAW X4 设计制作的漫画海报。

图 1-3　字体设计　　　　　　　　　　　　　图 1-4　漫画海报

1.2　基本绘图常识

1．矢量图

矢量图也称为向量图。矢量文件中的图形元素称为对象，每个对象都是一个自成一体的实体，具有颜色、形状、轮廓、大小和屏幕位置等属性。多次移动对象或改变它的属性，都不会影响图像中的其他对象。矢量绘图同分辨率无关，可以以最高分辨率显示到输出设备上。由于矢量图形可通过公式计算获得，所以矢量图形文件一般占用空间较小，CorelDRAW、Freehand 及 Flash 所绘制的图形均属此类。矢量图形的主要优缺点如下：

- 优点：图形可任意放大或缩小而不失真，且图像文件较小。
- 缺点：图像色彩不够丰富，无法表现逼真的景物。

矢量图放大前后的对比效果，如图 1-5 和图 1-6 所示。

图 1-5　矢量图　　　　　　　　　　　　　图 1-6　矢量图放大后的效果

在平面设计中常用的两种矢量图文件格式如下。

- AI：AI 是 Illustrator 的标准文件格式。
- CDR：CDR 是 CorelDRAW X4 的标准文件格式，但也可以输出为 AI 格式，在 Illustrator 中打开。

2. 位图

位图也称为点阵图像或绘制图像，由称为像素（图片元素）的单个点组成。这些点可以进行不同的排列和染色以构成图样。当放大位图时，可以看见构成整个图像的无数个方块。扩大位图尺寸的效果是加大像素，这样会使线条和形状显得参差不齐。同样缩小位图尺寸是通过减小像素来使图像变小，但这样会使原图变形。位图图像的主要特征如下：

- 优点：可以表现出色彩丰富的图像，逼真地表现自然界各类景物的图像效果。
- 缺点：不能任意放大或缩小，且图像文件较大。

位图放大前后的效果对比如图 1-7 和图 1-8 所示。

图 1-7　位图图像　　　　　　　　　　　图 1-8　位图图像放大后的效果

常用的位图文件格式如下。

- BMP：BMP 是在 DOS 时代就出现的一种文件格式，因此它是 DOS 和 Windows 操作系统上标准的 Windows 点阵图像格式。以此文件格式存储时，采用一种非破坏性的运行步长（RLE）编码压缩，并且不会省略任何图像的细节信息。
- EPS：EPS 是最常见的线条稿共享文件格式，英文全称是"Encapsulated PostScript"，它以 PostScript 语言为开发基础，所以 EPS 格式的文件能够同时兼容矢量和点阵图形。所有的排版或图像处理软件，如 PageMaker 或 Illustrator，都提供了读入或置入 EPS 格式文件的功能。
- GIF：GIF 是网络上最常见的一种压缩文件格式，英文全称是"Graphic Interchange Format"。当初研发的目的是为了使文件最小化以便在电缆上传输，因此能采用 LZW（Lempel-Ziv-Welch）方式进行压缩，但可显示的颜色范围只局限于 256 色。
- JPG：跟 GIF 一样为网络上最常见的图像格式，英文全称是"Joint Photographic Experts Group"，以全彩模式显示色彩，是目前最有效率的一种压缩格式。JPG 格式常用于照片或连续色调的显示，而且没有 GIF 损失图像细部信息的缺点，不过 JPG 采用的压缩是破坏性的压缩，因此会在一定程度上减损图像本身的品质。
- PNG：PNG 是由 GIF 衍生出来的一种新的图像格式，有取代 GIF 的趋势，同样适用于网页图像显示，同时采用非破坏性的压缩方式来缩减文件大小。

- PSD：Photoshop 中的标准文件格式，是 Adobe 公司为 Photoshop 量身定做的格式，也是唯一支持 Photoshop 所有功能的文件类型。在存储时它会进行非破坏性压缩以减少存储空间，打开时速度也比其他格式的快。
- TIF：由 Aldus 公司早期研发的一种文件格式，至今仍然是图像文件的主流格式之一，同时横跨苹果（Macintosh）和个人计算机（PC）两大操作系统平台，是跨平台操作的标准文件格式，且广泛支持图像打印的规格，如分色的处理功能。它采用 LZW（Lemple-Ziv-Welch）非破坏性压缩，但是不支持矢量图形。

3．颜色模式

计算机中的颜色有多种不同的呈现方式，即色彩模式。虽然不同呈现方式的颜色有各自的优缺点，而且大多数色彩模式在肉眼观察下无太大差异，但编辑和处理它们时却有很大的不同。常用的颜色模式有以下几种。

- 灰度：是一种黑白模式的色彩模式，但与黑白二色的位图不同，从 0～255 有 256 种不同等级的明度变化，整个图像由黑、白、灰三色来表现。
- RGB：是一种以色光为基础的色彩模式，由红（Red）、绿（Green）、蓝（Blue）3 种原色光构成，每一种色光存在 256 种不同等级的强度变化，将这 3 种颜色配以不同比例的混合就可衍生出 RGB 色谱中的所有颜色，共有 16 777 216 种。它是一种加色法的色彩模式。RGB 应用的范围极为广泛，如计算机屏幕、投影仪、电视和舞台灯光等。它们有一个共同的特点，都是通过红色、绿色和蓝色荧光粉发射光线产生颜色，因此 RGB 是计算机处理图像中最为理想的编辑模式。
- CMYK：是以青（Cyan）、洋红（Magenta）、黄（Yellow）和黑（Black）4 种颜色作为基本原色，混合的方式为负混合。与 RGB 不同，CMYK 是一种减色法的色彩模式，必须有外界的光源照射才能看见，因此是图像输出时唯一的色彩模式。
- HSB：基于色彩的三个要素，即色相（Hue）、纯度（Saturation）、明度（Brightness）来定义色彩。色相是一个 360° 的循环，纯度与明度则是以 0～100 为单位刻度。
- Lab：此色彩模式由光度分量和两个色度分量组成，分别用 L、A 和 B 表示。Lab 模式所定义的色彩与光线和设备无关，而且色彩显示数量远高于常用的 RGB 模式和 CMYK 模式。它的处理速度也比 CMYK 模式快很多，与 RGB 模式相当，同时在转换成 CMYK 模式时色彩不会丢失或被替换，是 Photoshop 在不同颜色模式之间转换时使用的内部颜色模式。
- 双色模式：双色模式包括单色调、双色调、三色调和四色调几种类型，可以使用 1～4 种色调构成图像色彩，并且使用双色模式可以使图像构成统一的色调效果。

1.3　　CorelDRAW X4 操作界面

执行"开始→程序→CorelDRAW X4"命令，即可显示欢迎屏幕界面，如图 1-9 所示。

欢迎屏幕界面是 CorelDRAW X4 功能的集合，在该界面中可以通过单击右侧的标签，切换不同的界面效果，如新增功能、学习工具、画廊和更新设置等。利用欢迎屏幕中的强大功能，有利于 CorelDRAW X4 的快捷创作，特别对于初级用户而言更是如此。因此，最好选中欢迎屏幕最下面"启动时始终显示欢迎屏幕"复选框。

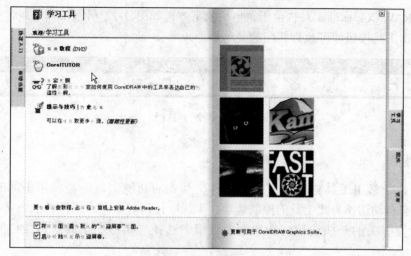

图 1-9　欢迎屏幕

　　关闭欢迎屏幕后，呈现 CorelDRAW X4 的操作界面，如图 1-10 所示。与大多数 Windows 操作系统一样，CorelDRAW X4 的操作界面由标题栏、菜单栏、标准工具栏、工具箱、属性栏、泊坞窗和调色板等一些通用元素组成。

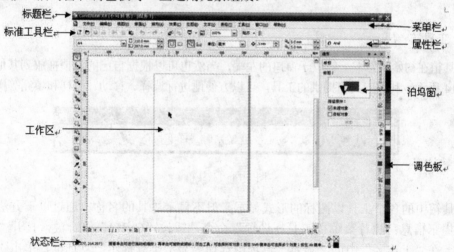

图 1-10　操作界面

1．菜单栏

　　可以通过执行菜单栏中的命令来完成所有的操作。菜单栏位于 CorelDRAW X4 工作界面的上端，如图 1-11 所示，包括"文件"、"编辑"、"视图"、"版面"、"排列"、"效果"、"位图"、"文本"、"表格"、"工具"、"窗口"和"帮助"共 12 个菜单命令。

图 1-11　菜单栏

2．标准工具栏

CorelDRAW X4 标准工具栏位于菜单栏的下方，如图 1-12 所示，其中包含一些最常用的工具，单击工具按钮即可执行相应的菜单命令。

图 1-12　标准工具栏

3．属性栏

属性栏位于常用工具栏的下方，是一种交互式的功能面板。当使用不同的绘图工具时，属性栏会自动切换为此工具的控制选项。未选取任何对象时，属性栏上会显示与页面和工作环境设置有关的一些选项，例如在工具箱中选择"矩形"工具，属性栏的显示则如图 1-13 所示。

图 1-13　属性栏

4．工具箱

工具箱在初始状态下一般位于窗口的左端，当然也可以根据自己的习惯拖放到其他位置，如图 1-14 所示。利用工具箱提供的工具，可以方便地进行选择、移动、取样和填充等操作。

图 1-14　工具箱

工具箱中的各个工具以图标的形式显示，但不显示工具的名称。通过以下方法可显示工具的提示信息：执行菜单"工具→选项"命令，或按"Ctrl+J"组合键，打开"选项"对话框，在"工作区"中的"显示"选项中选择"显示工具提示"复选框，单击"确定"按钮。

5．页面标签

CorelDRAW X4 具有处理多页文件的功能，即可以在一个文件内建立多个页面，翻页时可以借助页面标签来切换工作页面。页面标签位于工作界面的左下角，用于显示文件所包含的页面数及当前的页面位置。在页面标签上单击鼠标右键，在弹出的快捷菜单中选择对应的命令，即可完成对页的插入、删除和重命名等操作，如图 1-15 所示。

6．状态栏

状态栏在默认状态下位于窗口的底部，如图 1-16 所示。主要显示光标的位置及所选对象的大小、填充色、轮廓线颜色和宽度。在状态栏上单击鼠标右键，可以弹出状态栏属性菜单，在其菜单"自定义"子菜单中可以对状态栏进行设置。

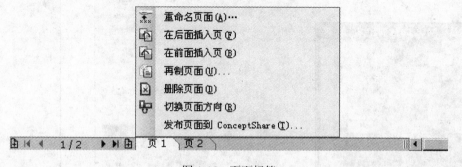

图 1-15　页面标签

图 1-16　状态栏

7．标尺

标尺可以帮助用户准确地绘制、对齐和缩放对象。执行菜单"视图→标尺"命令，可对标尺进行隐藏和显示。在标尺的任意位置双击会弹出"选项"对话框，可以设置标尺的属性。

8．工作区

工作区包括了用户放置的任何图形和屏幕上的所有元素。

9．绘图页面

在工作区中显示的矩形范围称为绘图页面，用户可以根据需要来调整绘图区域的大小。

10．调色板

调色板在默认状态下位于工作界面的右侧，默认的色彩模式为 CMYK。调色板中有很多颜色色块，可以单击调色板下方的 按钮，将调色板展开以显示全部内容，如图 1-17 所示。执行菜单"工具→调色板编辑器"命令，弹出"调色板编辑器"对话框，如图 1-18 所示，可编辑调色板或创建自定义调色板。

11．泊坞窗

CorelDRAW X4 中的泊坞窗类似于 Photoshop 中的浮动面板，在泊坞窗命令选项中可以设置显示或隐藏具有不同功能的控制面板，方便用户的操作。执行菜单"窗口→泊坞窗"命令，在弹出的子菜单中选择所要显示的命令选项，打开相应"泊坞窗"面板，如图 1-19 所示。

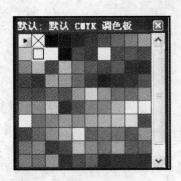
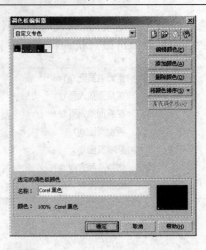

图 1-17　调色板　　　　图 1-18　"调色板编辑器"对话框　　　图 1-19　"泊坞窗"面板

1.4　CorelDRAW X4 基本操作

　　CorelDRAW X4 的基本操作包括图像文件的新建、打开、保存，以及导入、导出等，是以后深入学习 CorelDRAW X4 的基础。

1. 新建文件

　　执行菜单"文件→新建"命令，或按"Ctrl+N"组合键，新建一个文档。执行菜单"版面→页面设置"命令，弹出"选项"对话框，如图 1-20 所示，可以对建立文件的大小、版面、背景进行设置。

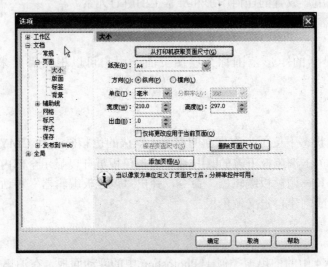

图 1-20　"选项"对话框

2. 打开文件

　　执行菜单"文件→打开"命令，或按"Ctrl+O"组合键，弹出"打开绘图"对话框，如

图 1-21 所示，即可选择需要打开的文件。可以按住"Shift"键选择多个连续的图形文件，也可以按住"Ctrl"键，选择多个不连续的图形文件。

图 1-21　"打开绘图"对话框

3. 保存文件

当完成一件作品或者处理完一幅图像时，需要将完成的图形对象进行保存。执行菜单"文件→保存"命令，或按"Ctrl+S"组合键，打开"保存绘图"对话框，如图 1-22 所示。在保存文件时，系统默认的保存格式为 CDR 格式，这是 CorelDRAW X4 的专用格式。如果想保存为其他格式，可以通过"文件"菜单中的"导出"命令来完成。保存版本时要注意高版本的软件可以打开低版本的文件，但低版本的软件无法打开高版本的文件。

图 1-22　"保存绘图"对话框

4. 导入文件

执行菜单"文件→导入"命令，或按"Ctrl+I"组合键，弹出"导入"对话框，如图 1-23 所示。选择存储文件的文件夹，在"文件"列表中选择相应的文件，单击"导入"按钮。在绘图页上执行下列任意操作，导入文件。

图 1-23 "导入"对话框

- 在某个位置单击，文件被导入到当前位置。
- 单击并拖动鼠标，重新设置导入文件的尺寸。
- 按"Enter"键，使导入的文件居中显示。
- 按空格键，使导入的文件保持原始位置。

在"导入"对话框中，选择"文件类型"后面列表中的"裁剪"选项，可以打开"裁剪图像"对话框，如图 1-24 所示，设置相应参数便可以裁剪图像。选择"重新取样"可以打开"重新取样图像"对话框，如图 1-25 所示，设置相应参数可以缩小文件的尺寸。

图 1-24 "裁剪图像"对话框　　　　图 1-25 "重新取样图像"对话框

5. 导出文件

在 CorelDRAW X4 中，执行菜单"文件→导出"命令，或按"Ctrl+E"组合键，打开"导出"对话框，如图 1-26 所示；输入文件名，选择"文件类型"及"排序类型"，单击"导出"按钮即可导出文件。选择导出"保存类型"为"JPG-JPEG Bitmaps"时，弹出的"转换为位图"对话框，如图 1-27 所示，在其中设置相应参数，单击"确定"按钮，即可在指定的文件夹内生成导出文件，并且原始文件在绘图窗口中以现有格式打开。

图 1-26　"导出"对话框

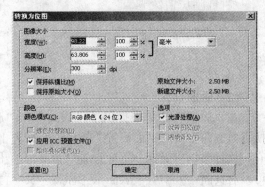

图 1-27　"转换为位图"对话框

6. 视图设置

在 CorelDRAW X4 中，执行"视图"菜单（见图 1-28）中的"全屏预览"或"只预览选定的对象"命令，可分别预览所有图形或选定的对象。

（1）视图的显示模式

在"视图"菜单中提供了"简单线框"、"线框"、"草稿"、"正常"及"增强"和"使用叠印增强"几种视图显示模式，可以根据需要在绘图过程中加以选择。

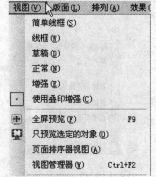

图 1-28　"视图"菜单

- 简单线框：通过隐藏填充、立体模型、轮廓图、阴影，以及中间调和形状来显示绘图的轮廓；也可单色显示位图。使用此模式可以快速预览绘图的基本元素。
- 线框：在简单线框模式下，显示绘图及中间调和形状的显示模式。
- 草稿：显示绘图填充和低分辨率下的位图。使用此模式可以消除某些细节，并能够关注绘图中的颜色均衡问题。
- 正常：显示绘图时不显示 PostScript 填充或高分辨率位图。使用此模式时，刷新及打开速度比"增强"模式稍快。
- 增强：显示绘图时显示 PostScript 填充、高分辨率位图及光滑处理的矢量图。

● 使用叠印增强：模拟重叠对象设置为叠印的区域颜色，并显示 PostScript 填充、高分辨率位图和光滑处理的矢量图形。

如图 1-29 所示为选择"线框"、"草稿"及"增强"模式时的显示效果。

（a）"线框"模式   （b）"草稿"模式   （c）"增强"模式

图 1-29 显示效果

（2）版面设置

在"版面"菜单中提供了"插入页"、"删除页面"、"重命名页面"、"转到某页"、"切换页面方向"及"页面设置"等选项，如图 1-30 所示。

执行菜单"版面→页面设置"命令，弹出"选项"对话框，如图 1-31 所示。根据需要可以对页面"大小"、"版面"、"标签"及"背景"的相关参数进行调整，并且相关设置可以作为创建所有新绘图的默认值。

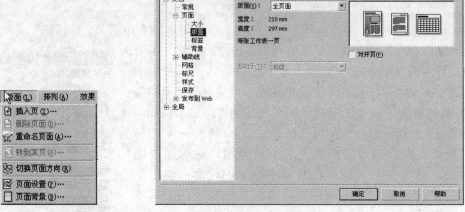

图 1-30 "版面"菜单   图 1-31 "选项"对话框中的"版面"选项

● 页面大小：可以选择预设页面大小来创建自己的页面，也可以通过指定绘图尺寸来创建自定义的页面大小。

● 页面方向：包括"横向"和"纵向"两种，可以对绘图项目中的每个页面指定不同的方向。

● 版面样式：使用默认版面样式（完整页面）时，文档中每页都被认为是单页。多页版面样式（活页、屏风卡、帐篷卡、侧折卡和顶折卡）将页面大小拆分成两个或多个相等部分，每部分都为单独的页。如图 1-32 所示为"屏风卡"的版面样式。

- 标签样式：可以选择不同的标签制造商提供的超过 800 种预设的标签格式，也可以修改现有的样式或创建并保存自己的标签样式。如图 1-33 所示为"Ace laser"标签制造商提供的"AC40200-Audio"标签样式。

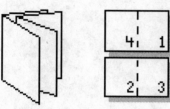
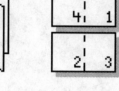
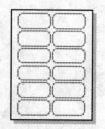

图 1-32　"屏风卡"版面　　　　　　　　　　图 1-33　"AC40200-Audio"标签

- 页面背景：可以选择绘图背景的颜色和类型，如"纯色"或"位图"。选择位图作为背景时，默认情况下位图被嵌入绘图中；也可以将位图链接到绘图，这样在以后编辑源图像时，所进行的修改会自动反映在绘图中；还可以选择"打印和导出背景"或取消选择此项以节省计算机的资源。

7. 辅助工具的使用

在 CorelDRAW X4 中，选择"视图"菜单里的"标尺"、"网格"和"辅助线"等辅助选项，或执行菜单"工具→选项"命令，在弹出的"选项"对话框中对以上选项进行设置，有助于精确地绘制、对齐和定位对象，方便快捷地进行创作。相应的"视图"菜单及"选项"对话框如图 1-34 所示。

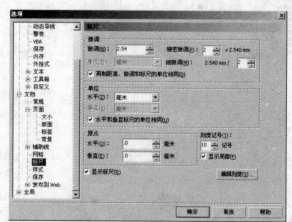

图 1-34　"视图"菜单及"选项"对话框中的"标尺"选项

- 标尺：在绘图窗口中显示标尺，有助于精确地绘制、缩放和对齐对象。可以隐藏标尺或将其移动到绘图窗口中的其他位置，还可以根据需要自定义标尺的设置。
- 网格：网格是一系列交叉的虚线或点，用于在绘图窗口中精确地对齐和定位对象。通过指定频率或间距，可以设置网格线或网格点之间的距离，还可以使对象与网格贴齐。
- 辅助线：可以放置在绘图窗口中任何位置，用来帮助放置对象。辅助线分为 3 种类型：水平、垂直和倾斜。可以在需要的任何位置添加辅助线，也可以选择添加预设辅助线，还可以使对象与辅助线贴齐。

如图 1-35 所示为使用"标尺"及"辅助线"进行绘图的效果。

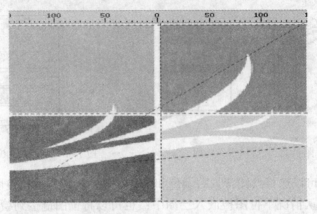

图 1-35　使用"标尺"及"辅助线"绘图效果

思考与实训

一、填空题

1. CorelDRAW X4 是加拿大 Corel 公司的产品，是一种直观的图形设计应用程序，具有强大的_____制作和处理功能。

2. 矢量图也称_____，它是以数学的方式来定义直线或者曲线的。

3. 位图也称为点阵图像或_____，由称为像素（图片元素）的单个点组成。

4. CorelDRAW X4 的工作界面主要由_____、_____、_____、_____、_____、_____、属性栏等一些通用元素组成。

5. CorelDRAW 不仅是一个大型矢量图形制作工具软件，同时也是一个大型的工具软件包，它包括_____、_____、_____等。

6. 灰度是一种黑白模式的色彩模式，但与黑白二色的位图不同，从_____到_____有 256 种不同等级的明度变化。

7. 在保存文件时，系统默认的保存格式为_____，这是 CorelDRAW 的专用格式，如果想保存为其他格式，可以通过"文件"菜单中的_____命令来完成。

8. _____模式显示绘图填充和低分辨率下的位图。使用此模式可以消除某些细节，并能够关注绘图中的颜色均衡问题。

二、上机实训

1. 上机练习 CorelDRAW X4 的基本操作，包括文件的新建、打开和保存等。

2. 新建一个文件，导入一幅位图图像，进行导入、导出、视图设置及辅助工具的练习。

第2章 手绘和形状工具的使用

 案例 1 圣诞卡片

案例描述

使用"手绘工具"和"轮廓笔工具"绘制如图 2-1 所示的"圣诞卡片"。

图 2-1 "圣诞卡片"效果图

案例分析

- 使用"手绘工具组"中的"贝塞尔工具" 和"钢笔工具" 绘制圣诞袜,再使用"形状工具" 调整节点。
- 使用"椭圆形工具" 绘制圆形装饰物,使用"轮廓笔工具" 及"将轮廓转换为对象"命令绘制叶子。

操作步骤

1. 新建文件

按"Ctrl+S"组合键保存文件,命名为"圣诞卡片"。

2. 绘制圣诞袜

(1)单击工具箱中的"贝塞尔工具"按钮 ,绘制袜子的基本形状。设置轮廓大小为

1mm，填充色为红色（C:0，M:100，Y:100，K:0），再使用"形状工具" 调整相应节点，
制作袜子的基本形状，效果如图 2-2 所示。

图 2-2　绘制袜子

（2）绘制白色的袜腰，填充色为白色。将白色的袜腰放在红色袜子的上方，执行菜单
"排列→顺序→到页面前面"命令；或选中袜腰图形，用鼠标右键单击，在弹出的快捷菜单
中选择"顺序"中的"到页面前面"命令，效果如图 2-3 所示。

（3）单击工具箱中的"钢笔工具"按钮，绘制袜子的跟部，设置轮廓大小为
1mm，填充色为紫色（C:40，M:80，Y:0，K:20）。使用同样的方法绘制袜子跟部的虚线
装饰，设置轮廓样式为，轮廓大小为 1mm，颜色为白色。使用"形状工具"
调整节点，将袜跟与虚线装饰群组，放置在袜子的跟部。绘制"袜跟"的阶段效果如图 2-4
所示。

图 2-3　绘制袜腰　　　　　　　　　　　　　　图 2-4　绘制袜子的跟部

3. 绘制装饰物

（1）单击工具箱中的"钢笔工具" ，绘制叶子，设置轮廓大小为 2.5mm，轮廓色为
黑色（C:100，M:100，Y:100，K:100），填充颜色为绿色（C:40，M:0，Y:100，K:0），使用
"形状工具"调整节点，效果如图 2-5 所示。

（2）执行菜单"排列→将轮廓转换为对象"命令，使黑色轮廓成为对象，调整其大小
和位置，效果如图 2-6 所示。

图 2-5　绘制叶子

图 2-6　将轮廓转换为对象

（3）选中黑色轮廓对象，选择"填充"工具组中的"渐变填充"工具█，打开"渐变填充"对话框，在"预设"下拉列表中选择"54-柱面-金色 05"，单击"确定"按钮。"渐变填充"对话框及轮廓对象的填充效果如图 2-7 所示。

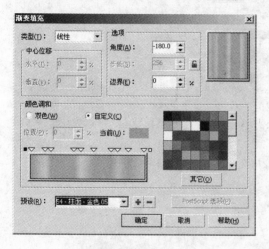

图 2-7　"渐变填充"对话框及轮廓对象的填充效果

（4）选择"交互式阴影工具"🔲，在叶子上拖拉到合适的位置，为绘制好的叶子添加阴影，属性栏设置如图 2-8 所示，阴影效果如图 2-9 所示。

图 2-8　"交互式阴影工具"属性栏

（5）选中带有阴影的叶子，使用"编辑"菜单中的"复制"、"粘贴"命令，复制 3 个同样的图形并调整方向，效果如图 2-10 所示。

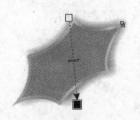

图 2-9　为叶子添加阴影　　　　　　　图 2-10　复制并调整后的效果

（6）选择"椭圆形工具"🔘，按"Ctrl"键在页面中绘制一个正圆，设置轮廓为 1mm。单击"填充"工具组中的"渐变填充"工具█，选择渐变类型为"射线"，从左到右 4 个颜色色块的数值依次为（C:0，M:40，Y:80，K:0）、（C:0，M:20，Y:40，K:60）、（C:0，M:60，Y:80，K:0）、（C:0，M:0，Y:60，K:0），选择圆形，在属性栏中设置轮廓宽度为"无"，"渐变填充"对话框及圆的填充效果如图 2-11 所示。

（7）选中圆球，复制出两个圆球。调整圆球的大小及位置，摆放在叶子前面，选择圆球及叶子执行菜单"排列→群组"命令。将"群组"的装饰物放置在圣诞袜上面，效果如图 2-12 所示。

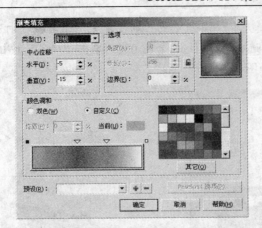

图 2-11 "渐变填充"对话框及圆的填充效果

图 2-12 群组图形

4．制作文字

（1）选择"文本工具" 字，设置字体为 Arial Black，字号为 48，输入文字"MERRY CHRISTMAS！"。将文字旋转并复制，群组所有文字，效果如图 2-13 所示。

图 2-13 文字效果

（2）选中群组的文字，单击工具箱中的"轮廓笔工具" ，打开"轮廓笔"对话框。设置文字轮廓宽度为 1mm，颜色为红色（C:0，M:100，Y:100，K:0），填充颜色为白色（C:0，M:0，Y:0，K:0），"轮廓笔"对话框及文字效果如图 2-14 所示。

（3）选择"矩形工具" ，绘制一个矩形，设置填充色为绿色（C:100，M:0，Y:100，K:0）。

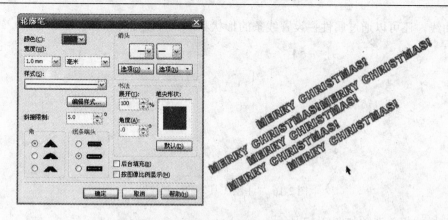

图 2-14　"轮廓笔"对话框及文字效果

（4）选中群组的文字图形，执行菜单"效果→图框精确剪裁→放置在容器中"命令，把文字图形放入矩形背景中，单击鼠标右键，在弹出的快捷菜单中选择"编辑内容"命令，调整好文字的位置，再选择"结束编辑"命令，效果如图 2-15 所示。

图 2-15　将文字放置在背景中

（5）将绘制好的圣诞袜和装饰品摆放到背景中，完成的最终效果如图 2-1 所示。

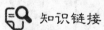 知识链接

2.1　手绘工具组

在 CorelDRAW X4 中，绘制线条的工具主要在"手绘工具组"中，包括"手绘"、"贝塞尔"、"艺术笔"、"钢笔"、"折线"、"3 点曲线"、"连接器"和"度量"8 个工具。通过这些基本工具可以绘制出各式各样的曲线图形。

1. 手绘工具

单击"手绘工具"按钮，将鼠标移到页面中，在需要绘制的地方，单击确定线段的第一个点，移动鼠标到第二个点的位置，单击绘制出一条线段；也可按住左键拖动鼠标绘制

出一条曲线，还可以通过属性栏设置线条的形状和箭头，绘制效果如图 2-16 所示。

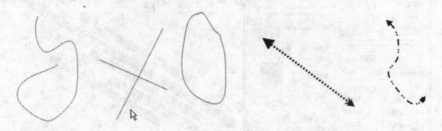

图 2-16　"手绘工具"的绘制效果

属性栏的相关选项如图 2-17 所示。

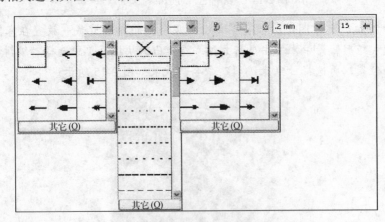

图 2-17　"属性栏"的相关选项

2．贝塞尔工具

"贝塞尔工具" 主要用来绘制平滑、精确的曲线。通过改变节点和控制点的位置来控制曲线的弯曲度，达到调节直线和曲线形状的目的，绘制效果如图 2-18 所示。

图 2-18　"贝塞尔工具"的绘制效果

3．艺术笔工具

利用"艺术笔工具" 可以创造出多种图案和笔触效果，"艺术笔工具"在属性栏中为用户提供了"预设" 、"笔刷" 、"喷罐" 、"书法" 和"压力" 5 种样式，通过属性栏的设置，可以绘制出各种图形，绘制的封闭曲线还可以进行色彩调整，效果如图 2-19 所示。

图 2-19　"艺术笔"的绘制效果

4．钢笔工具

利用"钢笔工具" 可以勾勒出许多复杂的图形，也可以一次性地绘制出多条曲线、直线或者复合线。绘制的过程中可以通过添加或删除节点的方法来编辑直线或曲线，绘制效果如图 2-20 所示。

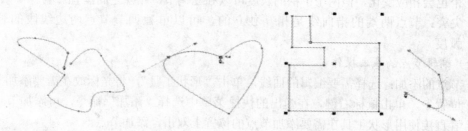

图 2-20　"钢笔工具"的绘制效果

2.2　形状工具组

1．形状工具

在 CorelDRAW X4 中，曲线是由节点和线段组成的，节点是造型的关键。运用"形状工具" 可以调整图形对象的节点以实现造型，也可以随意添加节点或删除节点。在页面中选择要编辑的曲线，单击工具箱中的"形状工具"，出现"形状工具"属性栏如图 2-21 所示，可对曲线上的节点进行各种调节。或者在节点上单击鼠标右键，在弹出的快捷菜单中选择相应的选项，即可实现各种调节。

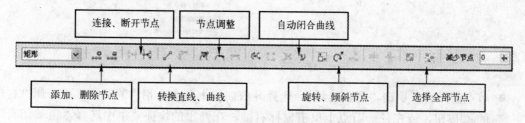

图 2-21　"形状工具"属性栏

（1）节点的 3 种形式

CorelDRAW X4 为用户提供了 3 种节点编辑形式：尖突、平滑和对称。这 3 种节点可以相互转换，实现曲线的变化，如图 2-22 所示。

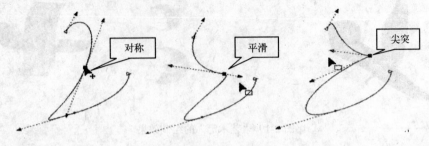

图 2-22　节点的类型

- 对称：节点两端的指向线以节点为中心而对称，改变其中一个的方向或长度时，另一个也会产生同步、同向的变化。默认的节点都是对称节点。
- 平滑：节点两端的指向线始终为同一直线，即改变其中一个指向线的方向时，另一个也会相应变化，但两个手柄的长度可以独立调节，相互之间没有影响。
- 尖突：节点两端的指向线是相互独立的，可以单独调节节点两边线段的长度和弧度。

（2）编辑节点的基本操作

- 节点的添加：选择需要编辑的曲线，单击"形状工具"，将光标放在需要添加节点的位置上，单击鼠标右键，在弹出的快捷菜单中选择"添加"命令，可添加节点；或者直接使用形状工具在需要添加节点的位置上双击，添加节点。
- 节点的删除：选择需要编辑的曲线，单击"形状工具"，将光标放在需要删除的节点上，单击鼠标右键，在如图 2-23 所示的快捷菜单中选择"删除"命令，可删除节点；或者直接使用形状工具在需要删除的节点上双击，删除节点。

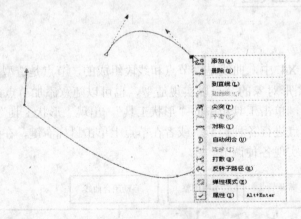

图 2-23　节点的编辑

- 节点的结合：单击"形状工具"，选择开放曲线上两个不相连的节点，单击属性栏中的⬚按钮，或在任一节点上单击鼠标右键，在弹出的快捷菜单中选择"自动闭合"命令，使两个节点连接在一起，效果如图 2-24 所示。
- 分割节点：选择封闭曲线对象的某个节点，单击属性栏中的⬚按钮，或单击鼠标右键，在弹出的快捷菜单中选择"打散"命令，这个对象即不再闭合。分割后的曲线可以用"自动闭合"的方法再连接起来，如图 2-25 所示。

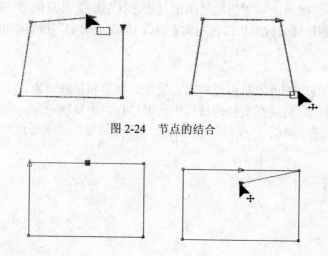

图 2-24 节点的结合

图 2-25 节点的分割

（3）直线与曲线的转换

在对象的外轮廓中，有时需要对线段进行曲线与直线的转换。单击"形状工具"按钮，选中要转换的节点，单击鼠标右键，在弹出的快捷菜单中选择"到曲线"命令，直线被转换成曲线，反之亦然，转换效果如图 2-26 所示。

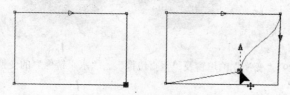

图 2-26 直线与曲线的转换

2．粗糙笔刷工具

"粗糙笔刷工具" 是一种多变的扭曲变形工具，它可以改变矢量图形对象中曲线的平滑度，从而产生粗糙的变形效果，如图 2-27 所示。

3．涂抹笔刷工具

"涂抹笔刷工具" 可以涂抹曲线图形，在矢量图形边缘或内部任意涂抹，以达到变形的目的，效果如图 2-28 所示。

图 2-27 使用"粗糙笔刷工具"的效果　　　　图 2-28 使用"涂抹笔刷工具"的效果

"粗糙笔刷工具"和"涂抹笔刷工具"应用于形状规则的矢量图形时，会弹出"转换为曲线"提示对话框，提示用户"粗糙笔刷工具和涂抹笔刷工具只能适用于曲线对象，是否 CorelDRAW 自动创建可编辑形状以使用此工具"，单击"确定"按钮即可。

4．变换工具

使用"变换工具"  可以自由地放置、镜像、调节和扭曲对象，不仅可以对图形和文字对象进行编辑操作，而且在变换的过程中还可以自由地复制对象，同时可以结合"泊坞窗"中的变换属性进行调整。"变换"泊坞窗及"垂直镜像"、"水平镜像"的变换效果，如图 2-29 所示。

图 2-29 "变换"泊坞窗及"垂直镜像"、"水平镜像"的变换效果

2.3　对象的基本操作

1．"群组"和"结合"命令

（1）"群组"命令

在"排列"菜单中的"群组"命令可以将多个不同的对象结合在一起，作为一个整体来统一控制及操作。选择需要群组的对象，执行菜单"排列→群组"命令或按"Ctrl+G"组合键；或单击属性栏中的"群组"按钮，即可群组选定对象。

群组后的对象作为一个整体，当移动位置或填充某个对象时，群组中的其他对象也将被移动或填充。群组后的对象作为一个整体还可以与其他的对象再次群组。单击属性栏中的"取消群组"和"取消所有群组"按钮，可取消选定对象的群组关系或多次群组关系，如图 2-30 所示。

（2）"结合"命令

使用"结合"命令可以把不同的对象合并在一起，完全变为一个新的对象。如果对象在结合前有颜色填充，则采用点选方式选择多个对象，组合后的对象显示最后选定对象的颜色属性；使用框选方式选择多个对象，组合后的对象属性由最先创建的对象属性决定。它的

使用方法与"群组"功能类似,"结合"后的效果如图 2-31 所示。

图 2-30 "群组"效果　　　　　　　　　图 2-31 "结合"效果

2. 选取图形的方法

（1）选取单个对象

在工具栏中单击"挑选工具"，单击要选取的对象,即可选中对象。

（2）加选/减选对象

- 加选:选中第一个对象,按住"Shift"键单击要加选的其他对象,即可选取多个对象。
- 减选:按住"Shift"键单击已被选取的图形对象,即可在已选取的范围中去除这个对象。

（3）框选对象

在工具箱中单击"挑选工具",按下鼠标左键在页面中拖动,如果所有的对象框都在蓝色虚线框内,则虚线框中的对象被选中,如图 2-32 所示。

（4）按绘制顺序选取对象

在工具箱中单击"挑选工具"，按"Tab"键,可选中在 CorelDRAW X4 中最后绘制的图形。继续按"Tab"键,则 CorelDRAW X4 会按用户绘制顺序从最后开始选取对象。按"Shift+Tab"组合键则选中第一个绘制的图形对象,选取效果如图 2-33 所示。

（5）接触式选取对象

在对象过多,不能完全选中对象的情况下,可以使用接触式选取的方式进行选择。按住"Alt"键不放,拖动鼠标,蓝色选框接触到的对象都会被选中。

（6）选取重叠对象

要选择重叠对象后面的图像,可按住"Alt"键在重叠处单击,以选择被覆盖的图形,再次单击,可以选择下层的图形,选择效果如图 2-34 所示。

图 2-32 框选对象　　　　　图 2-33 按绘制顺序选取对象　　　　　图 2-34 选择重叠对象

3.对象轮廓设置

在 CorelDRAW X4 中，矢量对象由轮廓和填充色组成，用户可以自由设置轮廓的颜色、宽度、样式等属性，并可在对象与对象之间进行轮廓属性的复制。还可以将设定的轮廓转换为对象，使用编辑曲线的方法对它进行编辑。如图 2-35 所示，可以使用"对象属性"泊坞窗、"轮廓"工具组进行相关设置。

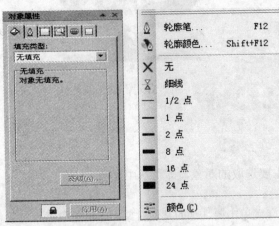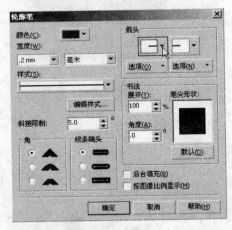

图 2-35　"对象属性"泊坞窗、"轮廓"工具组及"轮廓笔"对话框

- 颜色：在颜色调色板中，默认的调色板为 CMYK 调色板，如需调整可以单击颜色块，打开"颜色"对话框对轮廓颜色进行设定。
- 宽度：在"宽度"下拉列表中有系统预设的宽度，也可自行输入轮廓的宽度值。
- 样式：在"样式"下拉列表中，有大量的轮廓样式可以选择，CorelDRAW X4 将根据轮廓宽度的设置，确定轮廓点或线段的长度；也可以自行编辑轮廓线的样式，单击"编辑样式"按钮，可打开"编辑线条样式"对话框，如图 2-36 所示。

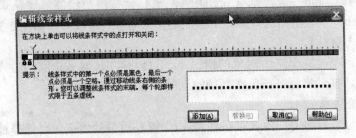

图 2-36　"编辑线条样式"对话框

- 箭头：在"箭头"选项栏中，可设置曲线起始端的箭头样式，如图 2-37 所示。

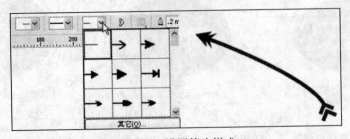

图 2-37　设置箭头样式

4. 将轮廓转换为对象

在实际操作中，可以为曲线对象设定轮廓样式，通过"将轮廓转换为对象"命令来设置特殊的造型效果。选取对象轮廓，执行菜单"排列→将轮廓转换为对象"命令，即可将轮廓转换为对象，使它具有与普通曲线对象相同的属性，可以进行颜色的填充和轮廓的设定，如图 2-38 所示。

图 2-38　将轮廓转换为对象

案例 2　房屋平面图

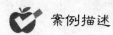　案例描述

使用"矩形工具"、"椭圆形工具"、"多边形工具"、"填充工具"、"轮廓笔工具"及"度量工具"等绘制如图 2-39 所示的"房屋平面图"。

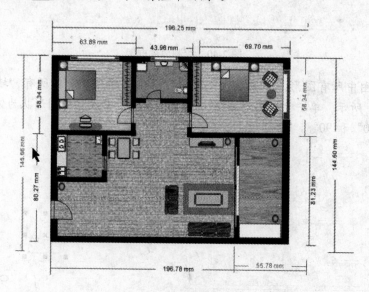

图 2-39　"房屋平面图"效果

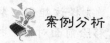　案例分析

● 使用"矩形工具"　、"椭圆形工具"　及"图纸工具"　绘制房屋平面图的外形

及房间中的家具形状，再使用"形状工具" 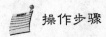 进行调整。

● 使用"填充工具" 里的不同填充类型填充对象。

● 使用"轮廓笔工具" 的各种功能处理图形边线。

● 使用"度量工具" 作为尺寸的标注。

操作步骤

1. 新建文件

按"Ctrl+S"组合键保存文件，命名为"房屋平面图"。

2. 绘制房屋框架

（1）单击"矩形工具" ，绘制一个矩形，按住"Shift"键从中心点向外绘制。同时选中两个矩形，单击属性栏中的"结合"按钮 ，得到一个中空的边框。继续使用"矩形工具"，绘制矩形框作为房屋内部框架，阶段效果如图 2-40 所示。

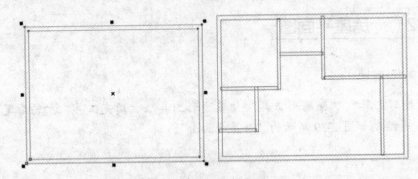

图 2-40　绘制房屋框架

（2）选择图中所有图形，单击属性栏中的"焊接"按钮 ，使所有"墙体"焊接为一体，如图 2-41 所示。单击"椭圆形工具" ，在属性栏中设置椭圆形状为饼形，起始和结束角度分别为 0°和 90°，绘制"门"的形状如图 2-42 所示。

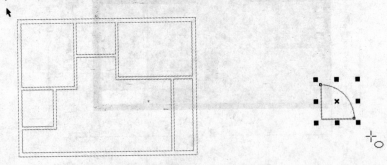

图 2-41　焊接图形　　　　　　　　　　图 2-42　绘制"门"

（3）单击"矩形工具" ，在左下角的墙体中绘制一个矩形，选择该矩形，按住"Shift"键，同时选中已经绘制好的房屋框架图，单击属性栏中的"移除前面对象"按钮 ，在大门的位置开一个门洞，并把门的图形放在门洞的位置，效果如图 2-43 所示。

（4）绘制落地窗，单击"矩形工具"，绘制交错的 4 个小矩形，填充颜色。制作各个房间的窗户并填充颜色。选择所有焊接好的房屋框架图，填充为黑色，阶段效果如图 2-44 所示。

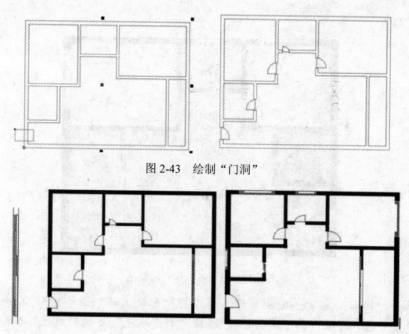

图 2-43　绘制"门洞"

图 2-44　绘制窗户及填充房屋框架

3. 填充房间内部

（1）厨房的绘制填充。单击"矩形工具"绘制一个矩形，作为厨房的地面，单击"填充工具"的"图样填充"选项，在如图 2-45 所示的"图样填充"对话框中选择"位图"单选按钮，选择相应图案进行填充。

（2）单击"椭圆形工具"和"矩形工具"在厨房中绘制冰箱、灶台和水盆，使用与（1）相同的方法对其进行相关颜色的填充，效果如图 2-46 所示。

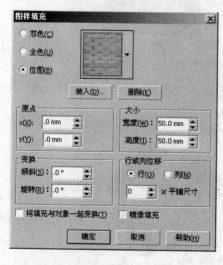

图 2-45　"图样填充"对话框

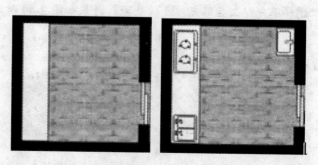

图 2-46　填充地面、冰箱、灶台和水盆

（3）在每个空间区域绘制矩形，执行"排列→顺序→在页面的后面"命令调整矩形在画面的顺序。使用与（1）相同的方法对平面图内各个空间区域进行填充，效果如图 2-47 所示。

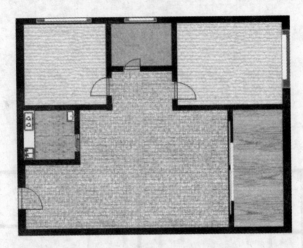

图 2-47　填充各个房间的底色

（4）单击"矩形工具"绘制矩形，再单击"形状工具"调整矩形 4 个边角的圆滑度，制作卧室中的"睡床"和"床头柜"，选择"渐变填充"中的"线性"类型进行填充，效果如图 2-48 所示。

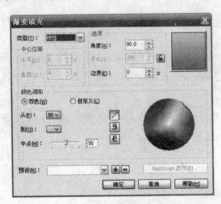
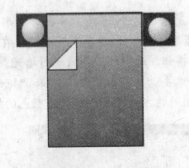

图 2-48　绘制并填充"睡床"和"床头柜"

（5）单击"矩形工具"绘制圆角矩形，在矩形内运用"图纸工具"绘制网格，用"图样填充"工具填充沙发的纹理，效果如图 2-49 所示。

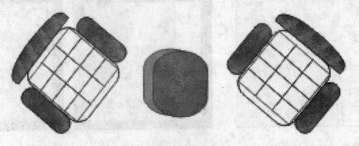

图 2-49　沙发效果

（6）单击"矩形工具" 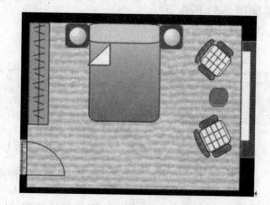，绘制衣柜形状，使用"填充工具" 填充颜色。单击"贝塞尔工具" ，在按住"Ctrl"键的同时绘制直线，制作衣柜效果，如图 2-50 所示。

图 2-50 衣橱效果

（7）单击"矩形工具" 和"椭圆形工具" ，绘制洗手间内的洁具形状。选择"填充工具"的"渐变填充"，在弹出的对话框中进行设置，填充效果如图 2-51 所示。

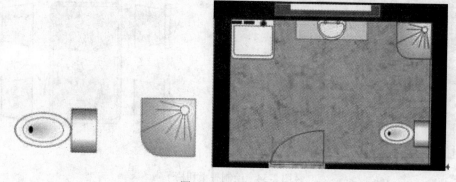

图 2-51 绘制洁具

（8）单击"矩形工具" 和"多边形工具"绘制客房用具并填充颜色，效果如图 2-52 所示。

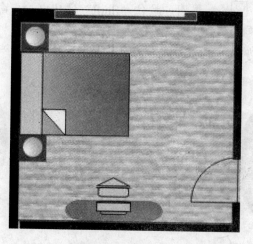

图 2-52 客房效果

（9）单击"矩形工具" ▢绘制沙发和茶几图形，再单击"填充工具"中的"图案填充"对沙发填充图案。单击"轮廓笔工具" 🖊和"交互式调和工具" 🖼，制作多层地毯边缘，效果如图 2-53 所示。

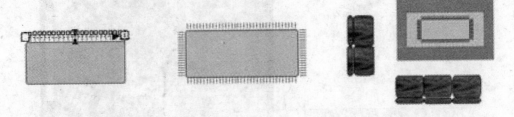

图 2-53　绘制客厅用具

（10）单击"矩形工具" ▢绘制餐桌和椅子图案，再单击"形状工具" 🖎进行调整。使用"滴管工具" 🖊和"颜料桶工具" 🪣分别复制"地毯"和"茶几"颜色，填充"椅子"和"餐桌"的颜色，效果如图 2-54 所示。

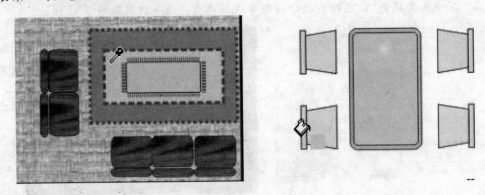

图 2-54　绘制餐桌和椅子

4. 绘制花草

单击"椭圆形工具" ⬭绘制椭圆，按住"Shift"键从中心点向外绘制同心椭圆，为外部椭圆填充绿色，内部椭圆填充射线渐变。选中内部椭圆，单击"交互式变形工具" ⚙绘制花草，效果如图 2-55 所示。

图 2-55　绘制花草

5．标注尺寸

单击"手绘工具"中的"度量工具" ，在属性栏中单击"自动度量工具"按钮 ，在要标注的对象水平或垂直边缘线上单击，移动鼠标至另一边的边缘点单击，出现标注线后，在标注线的垂直方向上拖动标注线，调整好与对象之间的距离后单击，系统将自动添加水平或垂直距离的标注。使用"挑选工具" 选择标注中的文本对象，在属性栏中设置标注文字的字体、字号及文本方向等。按以上方法对平面图中的各区域进行标注，最终效果如图 2-39 所示。

知识链接

2.4　矩形工具

使用"矩形工具" 可以绘制矩形、正方形和圆角矩形。单击工具箱中的"矩形工具" ，在页面区域中按下左键拖动鼠标，在矩形框达到所需大小的时候，松开左键即可得到矩形。若直接双击"矩形工具"，则可创建出一个与页面大小相同的矩形。

1．矩形属性栏

选中矩形，属性栏上显示相应的设置选项，通过它可调整矩形的大小、轮廓宽度、旋转角度、文字环绕形式等，"矩形属性栏"如图 2-56 所示。

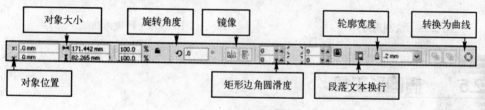

图 2-56　矩形属性栏

2．绘制圆角矩形

选择"形状工具" ，单击矩形的一个节点进行拖拉，可改变矩形的圆角程度；也可在属性栏上的"边角圆滑度"文本框中输入数值，精确设置矩形的圆角度数。在默认的情况下，对矩形的 4 个角的圆角变化是等比例同时进行的。如果要对其中一个角单独进行圆角操作，需要先取消圆角的等比缩放，即单击属性栏中的"全部圆角"按钮 ，取消锁定状态。这样，在其中任意一个角的圆角文本框中输入圆角值，将不会影响其他的角，效果如图 2-57 所示。

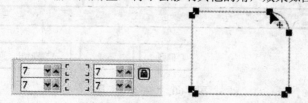

图 2-57　绘制圆角矩形

3．绘制正方形

单击"矩形工具" ，在页面区域中按住"Ctrl"键拖动鼠标，可绘制出正方形；若按住"Shift"键拖动鼠标,可绘制以单击点为中心的矩形;按住"Ctrl+Shift"组合键拖动鼠标,则可绘制以单击点为中心的正方形,效果如图 2-58 所示。

4．矩形转换为曲线

在矩形对象上单击鼠标右键,弹出如图 2-59 所示的快捷菜单,选择"转换为曲线"命令,将矩形转换为曲线,即可随意调整其节点进行编辑。

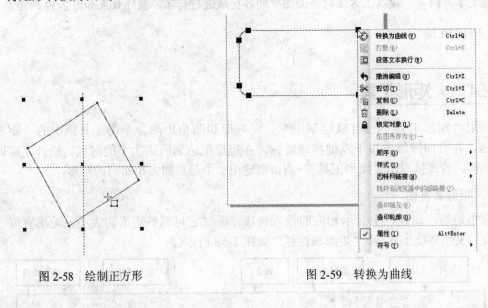

图 2-58　绘制正方形　　　　　　　　　图 2-59　转换为曲线

2.5　椭圆形工具

单击工具箱中的"椭圆形工具" ⊙ ,在页面区域中拖动鼠标,在椭圆达到所需大小的时候,释放鼠标左键即可得到椭圆形。

1．椭圆形属性栏

选中椭圆后,属性栏上显示相应的设置选项,可通过它来调整椭圆的大小、轮廓宽度、旋转角度和文字环绕形式等,如图 2-60 所示。

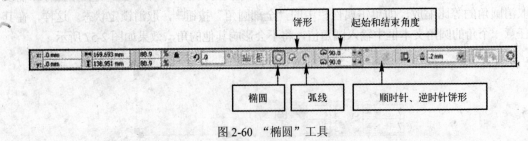

图 2-60　"椭圆"工具

2．绘制"饼形"和"圆弧"

在工作区中绘制出一个椭圆,选择"形状工具" ◥ 在椭圆上选择节点,而在椭圆内部拖动节点到恰当的位置即可绘制饼形;也可以在属性栏中选择"饼形"并设置"起始和结束角度"以绘制饼形，同样也可以进行圆弧的设置，如图 2-61 所示。

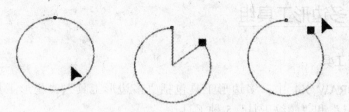

图 2-61　绘制"饼形"和"圆弧"

注意：利用"形状工具" 拖动节点后，在椭圆内部调整即形成饼形，而在椭圆外部调整则形成圆弧。

3．绘制正圆

单击"椭圆形工具"，在页面区域中按住"Ctrl"键拖动鼠标，可以绘制正圆；按住"Shift"键拖动鼠标，可以绘制以单击点为中心的圆形；按住"Ctrl+Shift"组合键拖动鼠标，则可以绘制以单击点为中心的正圆形。

4．椭圆转换为曲线

在椭圆对象上单击鼠标右键，可以弹出如图 2-59 所示的快捷菜单，选择"转换为曲线"命令，将椭圆转换为曲线，可以随意调整其节点进行编辑。

2.6　3 点矩形工具和 3 点圆形工具

"3 点矩形工具"和"3 点圆形工具"是 CorelDRAW X4 的"矩形"和"椭圆"绘制工具的延伸工具，能绘制出有斜度的矩形和圆形。

- "3 点矩形工具" 是通过 3 个点来绘制矩形的，在工具箱中单击"3 点矩形工具"按钮，按住左键拖动鼠标到恰当的位置松开，此时，可以确定矩形的一条边长，再继续拖动鼠标到合适的位置，单击即可绘制出一个矩形，如图 2-62 所示。
- "3 点椭圆形工具" 是通过 3 个点来绘制椭圆的，在工具箱中单击"3 点椭圆形工具"按钮，按住左键拖动鼠标到恰当的位置松开，此时，可以确定椭圆形的一条轴长，再继续拖动鼠标到合适的位置，单击即可绘制出一个椭圆形，如图 2-63 所示。

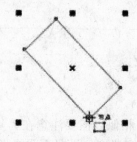

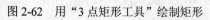

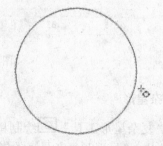

图 2-62　用"3 点矩形工具"绘制矩形　　图 2-63　用"3 点椭圆形工具"绘制椭圆形

2.7　多边形工具组

1．多边形工具

在 CorelDRAW X4 中，多边形工具包括"多边形工具"、"星形工具"、"复杂星形工具"、"图纸工具"和"螺纹工具"5 种工具。

单击工具箱中的"多边形工具"按钮 ，然后在工具属性栏中设置需要绘制的多边形边数。按住左键同时拖动鼠标，可绘制出一个多边形。

在拖动鼠标左键的同时按住"Shift"键，可以绘制以单击点为中心，向四周展开的多边形；按住"Ctrl"键可以绘制正多边形；按住"Ctrl+Shift"组合键可以绘制以单击点为中心的正多边形；绘制效果如图 2-64 所示。

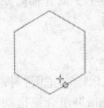

图 2-64　绘制正多边形

选中绘制好的多边形对象，运用"形状工具"拖动多边形的节点可以改变节点的位置。由于多边形是一种完全对称的图形，控制点相互关联，当改变一个控制点时，其余的控制点也会跟着发生变化，效果如图 2-65 所示。

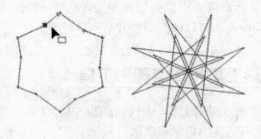

图 2-65　多边形变化效果

2．星形工具

"星形工具"与"多边形工具"的使用方法相似，但要注意在"星形工具"属性栏中要设置好星形的"边数"和角的"锐度"，如图 2-66 所示。

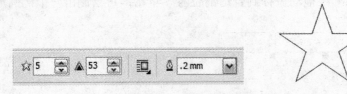

图 2-66　绘制"星形"

3．复杂星形

使用"复杂星形工具" 绘制星形与"星形工具"相似，但要注意在"复杂星形工具"属性栏中，"星形和复杂星形的锐度" 是指图形的尖锐度。设置不同的"边数"，图形的尖锐度也各不相同，端点数低于"7"的交叉星形，不能设置尖锐度。通常情况下，点数越多，图形的尖锐度越大。如图 2-67 所示为设置不同的"边数"和"锐度"后产生的复杂星形效果。

图 2-67　绘制"复杂星形"

4．图纸工具

利用"图纸工具" 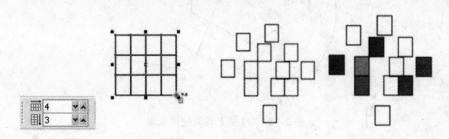 可以绘制不同行数和列数的网格图形。绘制的网格图形由一组矩形或正方形群组而成，可以取消群组，使网格图形成为独立的矩形或正方形。

单击工具箱中的"图纸工具"按钮，在工具属性栏中设置需要绘制"图纸"的行数与列数。按住左键不放拖动鼠标，可绘制出网格。选择"排列"中的"取消组合"命令打散网格，可对每个矩形分别填充颜色，效果如图 2-68 所示。

图 2-68　使用"图纸工具"绘制图形

5．螺纹工具

单击工具箱中的"螺纹工具"按钮，在属性栏中设置需要绘制的类型。按住左键拖动鼠标，可绘制出螺纹。"对称式螺纹"可以绘制间距均匀且对称的螺旋图形。"对数式螺纹"可以绘制出圈与圈之间的距离由内向外逐渐增大的螺旋图形，效果如图 2-69 所示。

图 2-69　使用"螺纹工具"绘制图形

2.8　度量工具

在 CorelDRAW X4 中，利用"度量工具" 可以对图形进行各种垂直、水平、倾斜和角度的测量，并会自动显示测量的结果。在度量工具属性栏中有 6 种尺寸标注的样式，如图 2-70 所示。

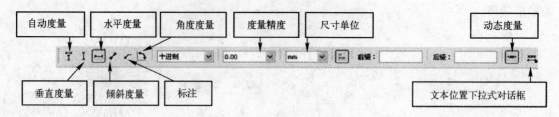

图 2-70 "度量"属性栏

单击多边形工具，在属性栏中设置边数为 6，绘制六边形，利用度量工具进行测量，效果如图 2-71 所示。

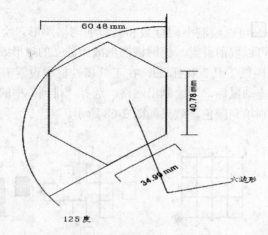

图 2-71 "度量工具"使用效果

 思考与实训

一、填空题

1．利用艺术笔工具可以创造出各种图案和笔触效果，艺术笔工具在属性栏中为用户提供了＿＿＿＿＿、＿＿＿＿＿、＿＿＿＿＿、＿＿＿＿＿、＿＿＿＿＿5 种样式。

2．"贝塞尔工具"主要用来绘制＿＿＿＿＿、＿＿＿＿＿的曲线。通过改变＿＿＿＿＿和＿＿＿＿＿的位置来控制曲线的弯曲度，达到调节直线和曲线形状的目的。

3．曲线是由＿＿＿＿＿和＿＿＿＿＿组成的，节点是对象造型的关键，运用＿＿＿＿＿工具调整图形对象的造型也可以随意添加节点或删除节点。

4．CorelDRAW X4 为用户提供了 3 种节点编辑形式：＿＿＿＿＿、＿＿＿＿＿、＿＿＿＿＿。这 3 种节点可以相互转换，实现曲线的变化。

5．"粗糙笔刷工具"是一种多变的扭曲变形工具，它可以改变矢量图形对象中＿＿＿＿＿，从而产生粗糙的变形效果。

6．在"排列"菜单中，使用＿＿＿＿＿命令可以将多个不同的对象结合在一起，作为一个整体来统一控制及操作。

7. 使用_____功能可以把不同的对象合并在一起，完全变为一个新的对象。

8. 在工具箱中选中"挑选工具"，按_____键，可选中在 CorelDRAW X4 中最后绘制的图形，继续按_____键，则 CorelDRAW X4 会按用户绘制的顺序从最后开始选取对象。

9. 在工具栏中双击"矩形工具"，则可创建一个_____。按住_____拖动鼠标，可绘制正方形，按住_____拖动鼠标，绘制以单击点为中心的矩形；按住_____拖动鼠标，则绘制以单击点为中心的正方形。

10. "图纸工具"绘制出的网格图形是由若干个矩形组成的，选择"排列"中的_____命令将其打散，可以分别填充颜色。

二、上机实训

1. 使用"椭圆形工具"、"钢笔工具"和"文字工具"设计一个网站标志，效果如图 2-72 所示。

提示：

● 应用"椭圆形工具"、"钢笔工具"绘制"网站标志"轮廓，再使用"形状工具"调整节点。

● 为增强质感，用"填充工具"为标志轮廓填充颜色。

● 应用"文字工具"输入文字，并调整文字的字体、大小和颜色。

2. 使用"轮廓笔"及"图框精确剪裁"工具设计"房产广告"，效果如图 2-73 所示。

提示：

● 应用"矩形工具"和"椭圆形工具"绘制广告的基本框架。

● 应用"轮廓笔工具"和"将轮廓转换为图形"工具绘制虚线图形。

● 应用"图框精确剪裁"命令，编辑位图。

● 应用"文字工具"输入文字，并调整文字的字体、大小和颜色。

图 2-72 "网站标志"效果图　　　　　　图 2-73 "房产广告"效果图

第3章　填充和轮廓工具的使用

案例3　戴帽女孩

 案例描述

使用"手绘工具"、"椭圆形工具"、"填充工具"、"轮廓工具"及"将轮廓转换为对象"等工具绘制如图3-1所示的"戴帽女孩"。

图3-1　"戴帽女孩"效果图

 案例分析

- 使用"手绘工具" 绘制女孩的头发、脸、眼眶、睫毛及嘴唇的形状。
- 使用"椭圆形工具" 绘制眼球、瞳孔、帽子及身体的轮廓，再使用"形状工具" 调整节点，获得理想的效果。
- 使用"填充工具" 组中的"均匀填充"、"渐变填充"和"图样填充"等工具丰富画面的质感。
- 使用"轮廓工具" 的各种功能处理图形边线，突出女孩形象。

 操作步骤

1. 执行菜单"文件→新建"命令，在如图3-2所示的页面设置属性栏中选择默认的 A4

版面，并根据画面构图需要，选择"横向页面"，命名为"戴帽女孩"保存文件。

图 3-2　页面设置属性栏

2．画脸、身体和头发的大轮廓

（1）用"椭圆形工具" 和"手绘工具" 绘制脸、身体和头发的大轮廓，再使用"形状工具" 调整节点，获得理想的形状。在下颌和头发下方添加阴影效果，以增加层次。

（2）分别选择女孩的头发、脸和身体，在窗口右侧的默认 CMYK 调色板里选择颜色，或打开如图 3-3 所示的"均匀填充"对话框，调出需要的颜色，进行填充。皮肤的颜色值为（C:2，M:10，Y:30，K:0），头发的颜色值为（C:0，M:60，Y:100，K:0），阴影的颜色值为（C:5，M:15，Y:30，K:0）。

图 3-3　"均匀填充"对话框

（3）选择女孩的头发、脸和身体，在"轮廓工具"组 中选择"无轮廓"，除去所绘图形的外轮廓。如图 3-4 所示，为绘制轮廓、填充颜色及去除外轮廓的阶段效果。

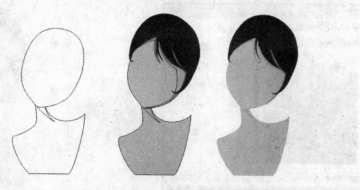

图 3-4　绘制脸、身体和头发

3. 刻画五官

（1）用"椭圆形工具"○画出眼球和瞳孔，填充眼珠的颜色值为（C:0，M:40，Y:60，K:20），再加高光使眼睛有神采，其中瞳孔的颜色最深，用黑色；高光最亮，用白色。

（2）用"手绘工具"绘制眼眶和睫毛的大轮廓，再使用"形状工具"调整节点，挑选自己喜欢的颜色添加眼影。选择组成眼睛的所有对象，按"Ctrl+G"组合键将其群组，复制出一组后执行"镜像"命令。调整眼球的位置，使眼神的方向一致。如图 3-5 所示为绘制女孩眼睛的阶段效果。

图 3-5　绘制女孩的眼睛

（3）用"手绘工具"绘制嘴唇的形状，或用"椭圆形工具"裁切出一个半圆，再用"形状工具"调整节点。嘴唇的颜色用"均匀填充工具"填充，填充颜色数值为（C:0，M:50，Y:70，K:0）。上下唇之间加一条深色，填充颜色数值为（C:15，M:100，Y:90，K:0）。在下唇加高光，以增加嘴唇的层次感。如图 3-6 所示，为刻画女孩嘴唇的阶段效果。

图 3-6　刻画女孩的嘴唇

> **注意**：嘴唇上的高光和眼睛上的高光不同，相对要柔和很多，使用比嘴唇稍浅的颜色即可，本例填充颜色数值为（C:0，M:20，Y:30，K:0）。

（4）用"椭圆形工具"○绘制腮红形状，再使用"渐变工具"填充颜色，然后在渐变填充对话框中选择"类型"为"射线"，"颜色调和"为"自定义"。在"选择颜色"对话框里设定腮红中心颜色数值为（C:2，M:30，Y:30，K:0），腮红外圈颜色数值为（C:2，M:10，Y:30，K:0），腮红效果及五官组合后的整体效果如图 3-7 所示。

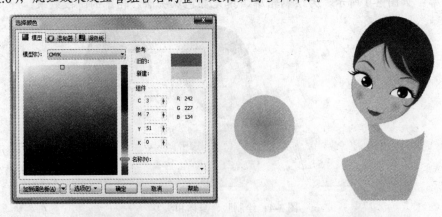

图 3-7　"选择颜色"对话框及脸部五官组合后的效果图

注意：腮红外圈的颜色和脸部的颜色一致。

4．绘画衣服

（1）用"椭圆形工具" ◯绘制 4 个椭圆，分别调整椭圆的方向和大小，再使用"造型工具"把 4 个椭圆"焊接"在一起。

（2）用"矩形工具" ▢绘制一个长方形与焊接后的图形叠放。选中两个图形，单击造型工具的"相交"工具，删除非相交部分的图形对象，得到衣服轮廓。衣服轮廓的绘制过程，如图 3-8 所示。

图 3-8　绘制衣服轮廓

（3）打开"填充工具"里的"图样填充"对话框，选择填充类型为双色、圆形，调整好颜色和大小，选择"将填充与对象一起变换"复选框，使填充图案随画面缩放一起变换。"图样填充"对话框设置及填充效果如图 3-9 所示。

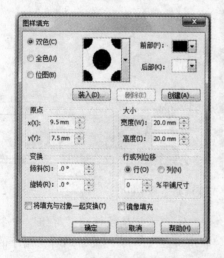

图 3-9　"图样填充"对话框和衣服的填充效果

5．绘画帽子

（1）用"矩形工具" ▢绘制帽筒，执行菜单"排列→转换为曲线"命令把长方形转为曲线。

（2）用"形状工具" ⯆选择底部节点，执行属性栏的"转换直线为曲线"命令，调整节点杠杆使矩形底边成弧形。

（3）用"椭圆形工具" ◯画帽顶，放在帽筒前面，完成帽子的轮廓。绘制帽子的阶段效果如图 3-10 所示。

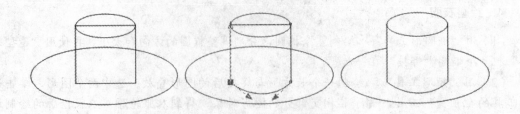

图 3-10　绘制帽子的轮廓

（4）使用"渐变填充工具"填充帽子的色彩。打开"渐变填充"对话框，如图 3-11 所示，颜色调和选择"自定义"，"类型"为"线性"。为凸显帽筒的立体感，在渐变填充调色框中，双击上端虚线，添加两个控制点，分别设置黑色的"明暗交界线"和白色的"高光"。帽檐同样使用"渐变填充"工具填充，"类型"为"线性"，起点颜色（黑）为 90%，末点颜色（黑）为 50%。帽顶和帽檐填充颜色一样，只是把"角度"调至相反。

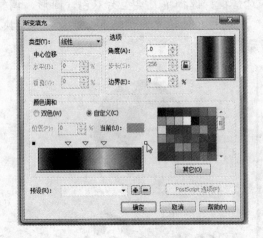

图 3-11　"渐变填充"对话框

（5）用"挑选工具" 框选帽子的 3 个组件，执行属性栏的"群组"命令，组成一个对象组，便于以后的操作。改动时可执行"取消群组"命令，重新编辑。帽子的填充步骤效果如图 3-12 所示。

图 3-12　填充帽子的颜色

6. 绘画耳环

（1）用"椭圆形工具" ◯绘制出一大一小两个椭圆，选择两个圆，执行属性栏的"结合"命令，使之结合为一个对象，绘制耳环的步骤效果如图 3-13 所示。

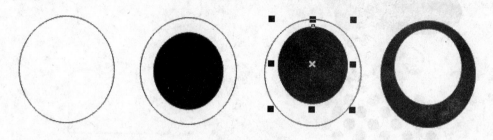

图 3-13　绘制耳环

（2）选择耳环，打开"底纹填充"对话框，在"底纹列表"中选择"金箔"，单击"确定"按钮，填充设置及效果如图 3-14 所示。

图 3-14　底纹填充设置及效果

7. 群组女孩形象

把女孩的全部组件调整好位置，选择所有对象，执行"群组"命令。完成的戴帽女孩形象效果如图 3-15 所示。

8. 绘制外轮廓

（1）复制"戴帽女孩"并选中对象，按住左键拖至页面空白处。

（2）执行属性栏里"取消所有群组"命令，在不改变选择区的情况下，执行属性栏里的"焊接"命令 🔲，使所有对象连接成一体。"焊接"效果如图 3-16 所示。

（3）选择轮廓，打开工具栏里的轮廓工具组，选择"16 点粗的轮廓（中粗）"，产生加粗的轮廓线但有尖锐的瑕疵；打开"轮廓笔"对话框，在"角"的选项组中选择"圆角"单选按钮，如图 3-17 所示，单击"确定"按钮，即可使轮廓线变得柔和。

图 3-15　戴帽女孩形象效果

图 3-16　"焊接"效果

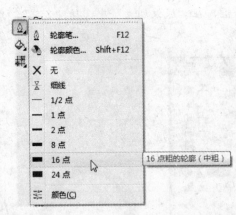

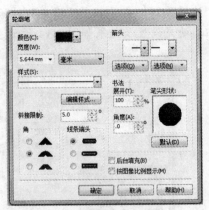

图 3-17　轮廓工具

（4）执行菜单"排列→将轮廓转换为对象"命令，把轮廓线转换成图形，填充外轮廓颜色数值为黑色。

（5）选择新绘制的外轮廓图形，执行菜单"排列→顺序置于此对象后"命令，把外轮廓图形叠放在"戴帽女孩"图形的后面，加粗轮廓及添加轮廓线的效果如图 3-18 所示。

图 3-18　加粗轮廓及添加轮廓线的效果

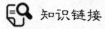
知识链接

3.1 填充工具组

"填充工具组"子菜单如图 3-19 所示，包括"均匀填充"、"渐变填充"、"图样填充"、"底纹填充"、"PostScript 填充"、"无填充"、"颜色泊坞窗"及窗口右侧的调色板。下面逐一介绍各种填充工具。

1. 均匀填充工具

"均匀填充"工具是为对象进行单色填充。打开工具箱中的填充工具工作组，单击"均匀填充"，或按"Shift+F11"组合键，弹出的"均匀填充"对话框，如图 3-20 所示。

图 3-19 "填充工具组"子菜单

图 3-20 "均匀填充"对话框

（1）"模型"标签

● "模型"：可以根据绘制对象的不同用途选择不同的颜色模式。例如，印刷品必须使用 CMYK 模式，而计算机显示的作品通常使用 RGB 模式。"模型"下拉列表如图 3-21 所示。

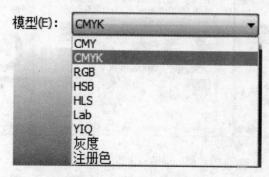

图 3-21 "模型"下拉列表

● "选项"："选项"下拉列表中常用的是"值 2"和颜色查看器。值 2 下拉列表中的颜色模式会在"组件"选项栏右侧显示颜色模式及参数，如图 3-22 所示。

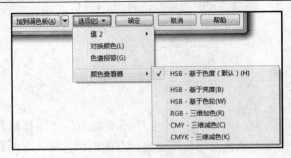

图 3-22 "选项"的颜色查看器和值 2 下拉列表

颜色查看器用于选择颜色查看的显示方式，可选择自己习惯的显示模式，如图 3-23 所示。

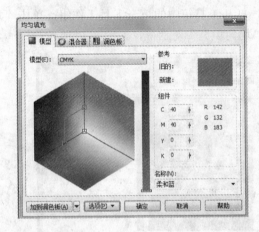
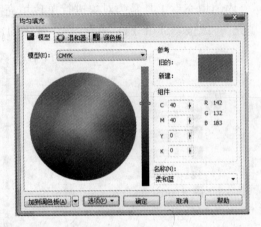

图 3-23 颜色查看器的不同显示模式

（2）"混合器"标签
- "模型"：用于显示填充颜色的色彩模式。
- "色度"：用于设置颜色的范围及颜色之间的关系，如图 3-24 所示。
- "变化"：可以选择颜色表的显示色调。
- "大小"：可以拖动滑块设置颜色表显示的列数。

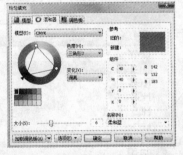
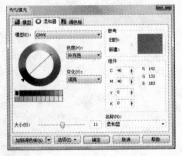

图 3-24 色度的不同颜色显示模式

（3）"参考"选项栏
在该选项栏中，可以显示原来使用的颜色和重新选取的颜色，方便用户进行颜色对比。

（4）"组件"选项栏

在如图 3-25 所示的组件选项栏中，可以手动对颜色参数进行设置，还可以开启各颜色组的滑块，上下拖动滑块来调整颜色参数。

（5）"名称"下拉列表

在如图 3-26 所示的名称下拉列表中，预设了多种颜色，这些为颜色的通俗名称，方便易懂，便于选择。

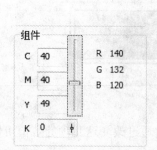

图 3-25　"组件"选项栏　　　　　　　　图 3-26　"名称"下拉列表

2. 渐变填充工具

渐变填充可为对象增加两种或两种以上的平滑渐进的色彩效果。渐变填充方式是设计中非常重要的技巧，用来表现对象的质感及非常丰富的色彩变化和层次等。单击"渐变填充"工具，或按"F11"键，弹出"渐变填充"对话框，如图 3-27 所示。

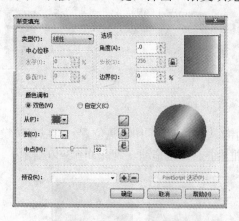
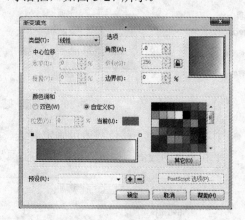

图 3-27　"渐变填充"对话框中"双色"选项和"自定义"选项

（1）颜色调和

"颜色调和"是渐变填充工具中最为重要的选项，包括"双色"单选项和"自定义"单选项。

- "双色"选项：指渐变的方式是以两种颜色进行过渡，其中的"从"是指渐变的起始颜色，"到"是指渐变的结束颜色。单击右边的下拉按钮，弹出"选择颜色"对话框，从中选择需要的颜色。

选择☑使渐变的两个填充颜色在色轮上以直线方式穿过。

选择⑤使颜色从开始到结束，沿色轮逆时针旋转调和颜色。

选择☺使颜色从开始到结束，沿色轮顺时针旋转调和颜色。

- "自定义"选项：选中该单选项后，可以通过添加多种颜色绘制更为丰富的颜色渐变。单击渐变颜色条两端的小方块，出现一个虚线框，如图 3-28 所示。在虚线框内任意点双击，添加控制点，即可在右边的颜色窗口中选择颜色。如果颜色窗口中没有合适的颜色，单击颜色窗口下边"其他"，弹出"选择颜色"对话框，可从中调配颜色。

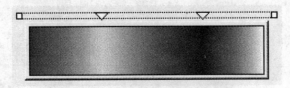

图 3-28　自定义渐变颜色条

（2）"选项"

"选项"栏包括角度、步长、边界和中心移位。通过改变这几项的数值可以调整渐变填充的方向、形状、样式等。

- 角度：角度数值的改变可以改变线性、圆锥、方角渐变的方向角度，可以直接设定数值，也可以把鼠标放在预览框内按住左键拖动。
- 步长：步长数值可设置渐变的层次，数值越大渐变效果越柔和，数值越小渐变层次越分明。
- 边界：确定渐变两极之间的距离，数值越大渐变两头之间的距离越小。

如图 3-29 所示，为设置不同渐变选项数值时对应的渐变效果。

图 3-29　不同渐变选项数值对应的效果

- 中心移位：中心移位数值可确定射线、圆锥、方角渐变的中心点位置，可以直接设定水平和垂直的数值，也可以把鼠标放在预览框内按住左键拖动，效果如图 3-30 所示。

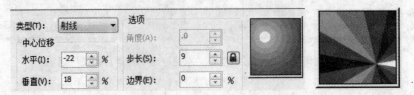

图 3-30　改变渐变选项中心位移数值的对应效果

（3）"类型"选项栏

打开"类型"下拉列表，包括线性、射线、圆锥和方角 4 种渐变填充模式，可以根据绘制对象的不同用途，选择不同的渐变模式，效果如图 3-31 所示。

图 3-31　"类型"下拉列表及不同类型的渐变填充效果

- 线性：指在两种或两种以上的颜色之间，产生直线型的渐变，以及丰富的颜色变化效果，可为平面图形表现出立体感。
- 射线：两种或两种以上的颜色，以同心圆的形式由对象中心向外辐射。射线渐变填充可以很好地体现球体的立体效果和光晕效果。
- 圆锥：两种或两种以上的颜色，模拟光线照射在圆锥上产生的颜色渐变效果，可产生金属般的质感。
- 方角：在两种或两种以上的颜色，以同心方的形式由对象中心向外扩散。

（4）"预设"下拉栏

"预设"下拉栏里设置了常用的色彩渐变模式，可根据对象需要选择不同的预设渐变填充。

3. 图样填充

打开"图样填充"对话框，如图 3-32 所示，可为对象填充预设的填充纹样，也可自己创建填充图样或导入图像进行填充。图样填充的样式包括双色图样填充、全色图样填充和位图图样的填充。

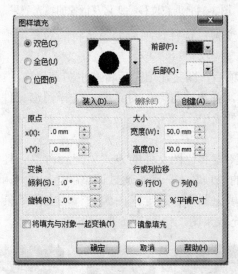

图 3-32　"图样填充"对话框

（1）双色图样填充

- 双色图样填充只有"前部"、"后部"两种颜色，单击颜色框箭头，弹出颜色窗口，设置"前部"、"后部"的颜色。

● 原点：调整"X"和"Y"数值框中的数值，可以调整图案填充到对象里的位置。

● 大小：调整"宽度"和"高度"数值框中的数值，可以调整图案的单元图案大小。

如图 3-33 所示，为调整前部、后部颜色及大小的填充效果。

图 3-33　调整前部、后部颜色及大小的填充效果

● 变换：在调整"倾斜"和"旋转"数值框中输入数值，可以使单元图案倾斜或旋转。

● 行或列位移：在"平铺尺寸"数值框中调整"行"或"列"的百分比值可使图案产生错位的效果。

如图 3-34 所示为调整位移、变化及镜像的填充效果。

图 3-34　调整位移、变化及镜像的填充效果

● 将填充与对象一起变换：选择该项后，图案将随对象的缩放、倾斜和旋转等变换一起变换。

● 镜像填充：选择该项后，图案在填充后将产生图案镜像的填充效果。

● 装入：单击该按钮，弹出"导入"对话框，选择图形文件，单击"导入"按钮，图片自动添加到样式列表中。

（2）全色图样填充

全色图样填充以矢量图案和位图文件的方式填充到对象。打开全色图样填充对话框，选项内容与双色图样填充的选项基本一致，通过调整颜色、大小和变化等数值，即可生成各种新的图样；也可以创建填充图样，或导入图像进行填充，效果更加丰富。调整大小、位移、变化及镜像的全色填充效果图，如图 3-35 所示。

图 3-35　调整大小、位移、变化及镜像的全色填充效果图

（3）位图图样填充

位图图样的填充，其复杂性取决于图像的大小和图像的分辨率，填充效果比前两种更加丰富，如图 3-36 所示。

图 3-36 位图图样填充效果图

4．底纹填充工具

底纹填充提供 CorelDRAW X4 预设的底纹样式，底纹样式模拟了自然景物，可赋予对象生动的自然外观。"底纹填充"对话框及不同选项数值产生的对应效果，如图 3-37 所示。

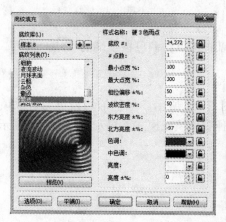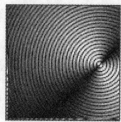

图 3-37 "底纹填充"对话框及不同选项数值产生的对应效果

（1）底纹库

底纹库共有 7 个纹样组，每个纹样组下设若干底纹样式。各纹样组呈现不同风格，有模拟自然的、人工创造物的，还有许多奇异的抽象图案。

（2）底纹列表

选择某纹样组，底纹列表列出相应的底纹样式，可根据设计对象的不同质感选择不同的底纹。

（3）样式名称

样式名称不是一成不变的，根据选择不同的底纹样式，列出相应的选项。选择任一底纹，样式名称下会列出与之相配的各种选项，如软度、密度、色调和亮度等，修改这些选项数值，即可改变底纹样式。

5．PostScript 填充工具

PostScript 填充是使用 PostScript 语言设计的特殊纹理填充。有些底纹非常复杂，因此打

印或显示用 PostScript 底纹填充的对象时，用时较长。单击 PostScript 填充工具，打开"PostScript 底纹"对话框，选择任一底纹，参数选项会列出与之相配的各种选项，再修改参数数值，即可改变底纹样式。PostScript 底纹填充对话框和设置不同参数后的效果，如图 3-38 所示。

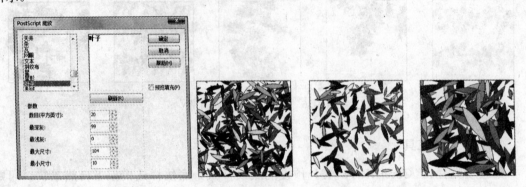

图 3-38 "PostScript 底纹"对话框和设置不同参数后的不同效果

6．无填充

当对象不需要填充时，可选择无填充，也可以直接单击调色板上端的 ⊠。

7．颜色泊坞窗

打开填充工具，单击打开颜色泊坞窗，如图 3-39 所示。颜色泊坞窗可为对象填充颜色，也可为轮廓线进行填充。在泊坞窗中，有 3 种颜色填充模式：显示颜色滑块、显示颜色查看器和显示调色板。

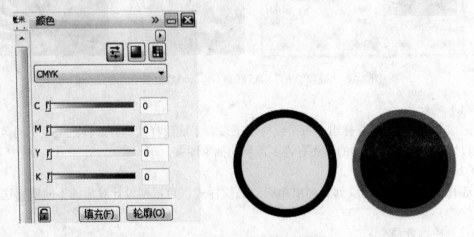

图 3-39 颜色泊坞窗和填充效果图

3.2 智能填充工具

智能填充工具为对象的颜色填充提供了更多的可能，其不仅能填充局部颜色和轮廓颜色，还能对有闭合线条包围的空白区域进行填充。选择智能填充工具，属性栏显示相应的选项, 如图 3-40 所示。下面以图 3-41 为例, 介绍智能填充工具的使用方法。

图 3-40 智能填充工具的属性栏

图 3-41 使用智能填充工具效果图

① 用星形工具和椭圆形工具绘制一个五角星和一个圆形, 再把两个图形重叠在一起。

② 选择智能填充工具, 在属性栏里填充选项的颜色框里选择颜色, 然后单击任意有闭合线条包围的区域进行填充。

③ 在属性栏里轮廓选项的颜色框里选择颜色, 再选择粗细合适的轮廓线, 单击任意局部, 可添加各种颜色的轮廓线。

④ 每个新色块都是一个新图形, 可以任意拖动。

 案例4   鱼缸

 案例描述

使用"交互式网状填充工具" 及"艺术笔工具" 等绘制如图 3-42 所示的"鱼缸"。

图 3-42 "鱼缸"效果图

案例分析

● 使用"交互式网状填充工具" 填充鱼缸里的水, 可以使水呈现清澈透明的质感。

● 使用"艺术笔工具"的"喷灌"绘制金鱼，方便快捷，金鱼形象生动精美。

🖊 操作步骤

1. 执行菜单"文件→新建"命令，或按"Ctrl+N"组合键，创建新文件。保存文件，命名为"鱼缸"。

2. 用"椭圆形工具" ⚪画一个椭圆形。用"矩形工具" ☐画一个长方形，放在椭圆形上方。按"Shift"键加选椭圆形，执行属性栏里"移除前面对象" ☐命令，剪出鱼缸的大轮廓，如图 3-43 所示。

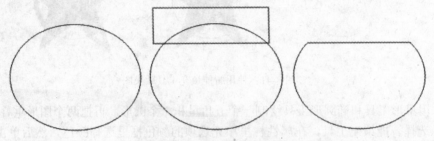

图 3-43 　鱼缸大轮廓绘制步骤一

3. 用"椭圆形工具" ⚪绘制一个椭圆形，放在鱼缸的大轮廓下方。框选两个对象，打开属性栏里的"对齐与分布"对话框，在"对齐"选项卡中选择"垂直中对齐"复选框，单击"应用"按钮，执行属性栏里的"焊接"命令。再绘制一个椭圆形，选择"垂直中对齐"命令，填充白色，将其拖放至鱼缸上方，排列顺序在鱼缸的上层，绘制鱼缸轮廓的阶段效果如图 3-44 所示。

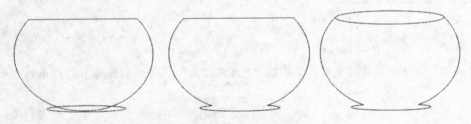

图 3-44 　鱼缸轮廓绘制步骤二

4. 用"椭圆形工具" ⚪绘制一个椭圆形，放在鱼缸的大轮廓下方。选择两个对象，执行属性栏里的"相交" ☐命令，椭圆形和鱼缸相交的部分形成一个新图形，为新图形填充蓝色作为鱼缸里的"水"，阶段效果如图 3-45 所示。

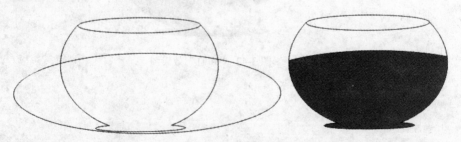

图 3-45 　"水"的绘制步骤

5．选择"水"，单击"交互式填充"工具组中的"网状填充" 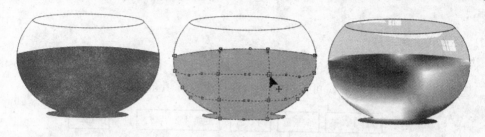，图形对象里呈现若干线框和节点，选中一个节点，再调整节点位置，按鱼缸的弧度调整水面的弧度。在水面的节点上填充蓝色（C:100，M:20，Y:0，K:0），在水中的线框内部，填充蓝色（C:80，M:0，Y:0，K:0），增加水的透明感，分别在水底和水面填充白色。填充过程及效果如图 3-46 所示。

图 3-46　"水"的交互式网状填充过程及效果

6．打开手绘工具组，选择"艺术笔工具" ，从属性栏选择"喷灌"，在"喷涂列表"中挑选"金鱼"笔触，在页面上画一条金鱼组成的线。执行菜单"排列→打散"命令，金鱼和线条被"打散"，选择线条，按"Delete"键删除。"金鱼"笔触及"打散"效果如图 3-47 所示。

图 3-47　"金鱼"笔触及"打散"效果

7．选择"金鱼"，执行属性栏里的"取消群组"命令，挑选两条漂亮的金鱼和水珠，放在鱼缸内水面下。鱼缸用浅灰色（K:10）填充，缸口的高光用白色小色块，如图 3-48 所示。

图 3-48　"金鱼"及"鱼缸"效果

知识链接

3.3　交互填充工具组

交互填充工具组如图 3-49 所示，包括"交互式填充"工具和"网状填充"工具，使用它们更加方便，效果也更加多变。

图 3-49　交互式填充工具组

1. 交互式填充工具

交互式填充工具的填充方式包括均匀填充、渐变填充、图样填充、底纹填充、PostScript 填充。选择交互式填充工具后，可以直接在属性栏里设置填充参数，如图 3-50 所示。

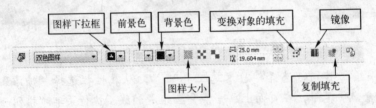

图 3-50　交互式填充工具属性栏

也可以在对象上直接拖动控制框的各个控制点，更加直观地进行调整，如图 3-51 所示。

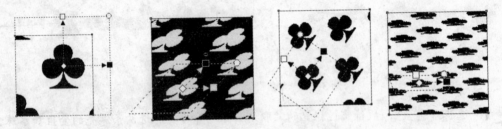

图 3-51　交互式填充工具的控制框

2. 交互式网状填充工具

交互式网状填充工具可以实现复杂多变的渐变填充效果，通过网格数量的设定和网格形状的调整，使各个填充色自由融合。使用交互式网状填充工具，通过操作属性栏里的各个选项来实现，如图 3-52 所示。

图 3-52　交互式网状填充工具的属性栏

- 交互式网状填充工具可在属性栏的网格数量框内调整网格数量，从而增加填充色的复杂程度。
- 在属性栏的节点编辑框内选择网格的节点样式，通过调整节点来修整填充色的形状和位置。

● 可单击节点填充颜色，也可以在网格内单击，出现一个控制点，再填充颜色，如
图 3-53 所示。

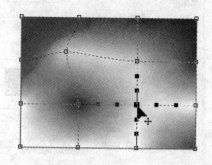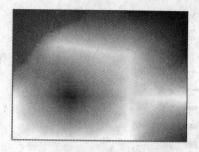

图 3-53　用交互式网状填充工具填充效果图

3.4　　滴管工具和颜料桶工具

滴管工具和颜料桶工具是为对象取色、填充的辅助工
具，如图 3-54 所示。

图 3-54　滴管、颜料桶工具组

1．滴管工具

可以复制取色对象的"对象属性"和"示范颜色"，并可在属性栏里选择复制类型。
● 复制"对象属性"是指复制取色对象的填充颜色、填充效果及轮廓线的颜色、粗细等属性。
● 复制"示范颜色"是指单纯复制取色对象的填充颜色。

2．颜料桶工具

可以将滴管复制的"对象属性"或"示范颜色"应用于其他对象。

3．属性栏

在"选择是否对对象属性或颜色取样"的下拉表中，设置"对象属性"和"示例颜色"。
● 选择"对象属性"选项后，可打开"属性"、"变换"和"效果"下拉列表，根据需
要选择即可。
● 选择"示例颜色"选项后，可打开"示例尺寸"下拉列表，选择将要使用的示例尺
寸即可。

3.5　　轮廓工具组

轮廓工具可以为对象的轮廓线设置宽度、颜色、样式和箭头等属性，如图 3-55 所示，
轮廓工具组包括轮廓笔、无轮廓及几种不同宽度的轮廓线。

1．"轮廓笔"工具

单击轮廓工具组里的"轮廓笔"按钮，或按"F12"键，弹出"轮廓笔"对话框，如
图 3-56 所示。

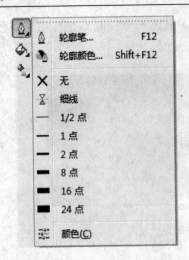

图 3-55 "轮廓"工具组

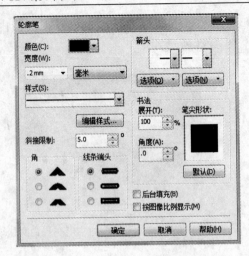

图 3-56 "轮廓笔"对话框

（1）"颜色"下拉表

打开轮廓笔里的"颜色"选项的下拉调色板，如图 3-57 所示，可以根据需要选择轮廓线的颜色，还可单击调色板下端的"其他"按钮，在弹出的调色板中调整所需的颜色。

（2）"宽度"选项栏

"宽度"选项栏包括"宽度"和"单位"下拉列表，如图 3-58 所示，可以在宽度下拉列表中选择各种宽度的轮廓线，也可自定义轮廓线宽度。"单位"下拉列表中有多种单位，可根据对象需要设定。

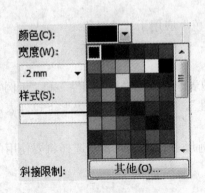

图 3-57 "颜色"下拉列表

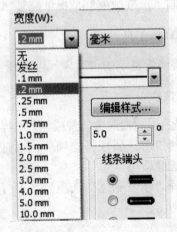

图 3-58 "宽度"选项组

（3）"样式"下拉列表

"样式"下拉列表中预设了多种轮廓线样式，如图 3-59 所示；也可以打开"编辑样式"按钮，开启"编辑线条样式"对话框，自定义轮廓线样式。

（4）"箭头"选项组

设置轮廓线的箭头样式，如图 3-60 所示。

（5）"角"选项组

"角"选项组是设置线条拐角形状的选项。角选项包括尖角、圆角和平角 3 种形状，如

图 3-61 所示。对较为尖锐的拐角，选择尖角形状拐角处会向外偏移，所以一般选用圆角，就可以避免拐角偏移。

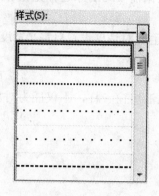

图 3-59　"样式"下拉列表

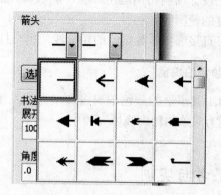

图 3-60　"箭头"选项组

（6）"线条端头"选项组

用来设置线条端头的效果，如图 3-62 所示。

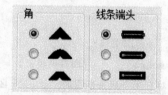

图 3-61　"角"和"线条端头"选项组

图 3-62　不同"角"的效果

（7）"书法"选项组

对"书法"样式的各属性进行设置，包括"笔尖形状"、"展开"文本框和"角度"文本框，如图 3-63 所示。

（8）"后台填充"和"按图像比例显示"复选框

选择"后台填充"可以弱化轮廓线，更加突出对象的形状，后台填充前后的对比效果如图 3-64 所示。选择"按图像比例显示"缩放对象时，轮廓线的宽度也随之改变。

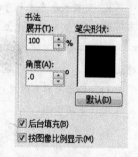

图 3-63　"书法"选项组

图 3-64　"后台填充"前后的对比效果

2. 无轮廓

对象不需要轮廓线，可以在轮廓工具组选择"无轮廓" 。

3. 细线和不同宽度的线

● 在设计画稿初期运用细线，随着设计的深入，依据需要为对象选择无轮廓或各种宽度的轮廓线。

● 可直接选择各种宽度的轮廓线，也可打开"轮廓笔"对话框设置自定义宽度数值。

4. 颜色泊坞窗

轮廓工具组里的颜色泊坞窗和填充工具组里的颜色泊坞窗一样，不仅能为对象填充颜色，还能为对象的轮廓线填充颜色。

 思考与实训

一、填空题

1. 单色填充工具的快捷键是_____，轮廓笔的快捷键是_____。

2. 填充工具组包括均匀填充、_____、图样填充、_____、PostScript 填充、无填充、颜色泊坞窗。

3. 设计一个立体的球形填充用_____类型的填充模式。

4. 渐变填充类型主要包括线性渐变、_____、_____、方角渐变模式。

5. 图样填充的样式包括_____图样填充、_____图案填充和_____图样的填充。

6. 智能填充工具不仅能填充对象局部颜色和轮廓颜色，还能对有闭合线条包围的_____区域进行颜色和轮廓颜色的填充。

7. 交互填充工具组包括_____填充工具和_____填充工具。

8. 交互式填充工具可以直接在_____里设置填充参数，方便快捷。

9. 交互式网状填充工具可以在节点上填充颜色，也可以在_____内填充颜色。

10. 滴管工具可以复制取色对象的_____，颜料桶工具则可以将滴管复制_____应用于其他对象。

11. 轮廓工具可以对对象的轮廓设置_____、_____、样式和箭头等属性。

二、上机实训

1. 使用"渐变填充"工具绘制"立体的球"，效果如图 3-65 所示。

图 3-65 "立体的球"效果图

提示：为了表现出球的立体效果，要突出高光、明暗交界线及反光。

2. 利用"图样填充"和"渐变填充"工具设计一张"爱心贺卡"，"爱心贺卡"效果和轮廓如图 3-66 所示。

 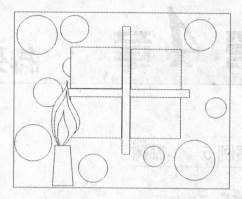

图 3-66　"爱心贺卡"效果图和轮廓图

提示：

● 为了使光晕完美地融入背景，光晕外圈的颜色要和背景颜色一致，可以调整颜色数值确保颜色完全一致。

● 心形底纹的填充除了调整图样颜色、大小、变换的数值外，还要用到"镜像填充"。

第 4 章 排列工具的使用

案例5　椰树

 案例描述

使用"排列"菜单里的"变换"、"顺序"、"群组"及"转换为曲线"等命令绘制如图 4-1 所示的"椰树"。

图 4-1　"椰树"效果图

 案例分析

● 使用"椭圆形工具" ◯ 绘制椰果和太阳的轮廓，再使用"形状工具" ⏚ 调整叶子的节点，获得理想的效果。
● 使用"变换"和"顺序"命令绘制椰树，使其形象生动，层次分明。
● 使用"渐变填充工具" ▉ 填充太阳和海水。
● 使用"手绘工具" ✎ 绘制沙滩，在几何图形的构图中增加一些灵动的元素。

操作步骤

1. 新建文件，按"Ctrl+S"组合键保存文件，输入文件名"椰树"，单击"确定"按钮。
2. 绘制椰树
（1）用"矩形工具" ▢ 绘制长方形，然后执行菜单"排列→转换为曲线"命令。

（2）用"形状工具" 在长方形的轮廓线上增加节点（单击鼠标右键确定），根据椰树叶子的形状调整节点，如图 4-2 所示。

图 4-2 绘制叶子轮廓

（3）使用"挑选工具" 选中叶子，再次单击叶子，控制点变成双向箭头，把鼠标移至左上角的控制点，按住左键拖动旋转叶子，如图 4-3 所示。

图 4-3 旋转叶子的效果

（4）按住左键拖动叶子，单击鼠标右键，复制叶子。

（5）选择复制好的叶子，按住左键拖动叶子，单击鼠标右键，继续复制叶子。选择属性栏的"镜像"，重新调整大小和旋转角度，如图 4-4 所示。

图 4-4 对椰树叶进行复制和镜像

（6）用"椭圆形工具" 绘制一个圆，复制几个圆作为椰果，根据需要缩放，然后选择所有椰果执行"群组"命令，填充颜色（C:0，M:20，Y:100，K:0）。把椰果放在椰树叶中间，打开菜单"排列→顺序"子菜单，执行"到图层后面"命令，即可把椰果放在椰树叶后面，如图 4-5 所示。

图 4-5 绘制椰果

（7）用"矩形工具"▢绘制长方形作为树干，执行菜单"排列→转换为曲线"命令。选择"形状工具"▸，在属性栏把节点"转换直线为曲线"，根据树干的形状调整节点，如图 4-6 所示。

图 4-6　绘制树干

（8）打开菜单"排列→顺序"子菜单，执行"置与此对象前"命令，鼠标变为 ➡ 形状。将光标放在椰果上单击即可将树干置于椰果之上、椰树叶之下，填充颜色（C:0，M:20，Y:60，K:20）。框选所有图形对象，执行" 群组 "命令，如图 4-7 所示。

图 4-7　为树干排序

（9）选择椰树，按住左键拖动椰树，单击鼠标右键，进行复制。选择一棵椰树，执行属性栏"镜像"命令。把光标放在上部中间的控制点上，向上拖动并拉长椰树。再次单击对象，光标变成双向箭头，把光标放在上部中间的控制点上，向外拖动并使椰树倾斜。另外一株树使用同样的方法使之倾斜，如图 4-8 所示。

图 4-8　变换椰树的大小并倾斜方向

3. 用"椭圆形工具" ⊙绘制一个圆作为太阳，再使用"渐变填充" ▇工具填充。打开"渐变工具" ▇对话框，选择"射线"类型，起点颜色（C:0，M:60，Y:100，K:0），末点颜色（C:0，M:0，Y:100，K:0）。把太阳放在椰树中间，打开菜单"排列→顺序"子菜单，执行"到图层后面"命令，即可把太阳放在椰树后面，效果如图 4-9 所示。

图 4-9 绘制太阳

4. 用"手绘工具" ✦绘制沙滩，选择"形状工具" ▶调整节点。填充颜色（C:0，M:20，Y:40，K:0），打开菜单"排列→顺序"子菜单，执行"到图层后面"命令，把沙滩放在椰树后面，如图 4-10 所示。

图 4-10 绘制沙滩

5. 绘制大海：使用"矩形工具" ▢绘制一个长方形，再使用"渐变填充工具" ▇填充，选择"直线"类型，起点颜色（C:100，M:100，Y:0，K:0），末点颜色（C:40，M:0，Y:0，K:0）。执行"顺序"命令，把海面放在沙滩后面，效果如图 4-11 所示。

6. 框选所有图形对象，打开"轮廓笔工具"，选择"无"选项，删除所有轮廓线，大海填充效果及删除轮廓后的效果，如图 4-11 所示。

图 4-11 大海填充效果及删除轮廓后的效果图

知识链接

4.1   变换

要精确地变换对象，可以通过"变换"泊坞窗来完成。执行菜单"排列→变换→位置"命令或菜单"窗口→泊坞窗→变换→位置"命令，打开"变换"泊坞窗，如图 4-12 所示。下面分别介绍使用"变换"泊坞窗调整对象位置、旋转、缩放和镜像、大小和倾斜的操作方法。

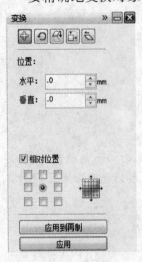

图 4-12 "变换"泊坞窗

1. 位置

使用"挑选工具" ▷ 选中对象，按住鼠标左键拖动，可以随意改变对象的位置。如果需要精确调整对象的位置，可通过"变换"泊坞窗的"位置"选项组来实现。

"变换"泊坞窗的"位置"选项组 ⊕ ，包括"位置"选项组、"相对位置"复选框、"应用到再制"和"应用"选项。可在"位置"选项组的"水平"和"垂直"数值框中输入移动对象的目标位置的数值，并在"相对位置"复选框中选择变换的位置，执行"应用"即可得到变换效果；如果需要保留原对象不变，可以执行"应用到再制"命令。

如图 4-13 所示为将对象分别以上、下、左、右 4 个位置执行"应用到再制"的效果。

图 4-13 使用"位置"变换的效果图

2. 旋转

"旋转"选项组 ⊘ 包括"角度"数值框、"中心"选项组、"相对中心"复选框、"应用到再制"和"应用"选项，如图 4-14 所示。通过"旋转"选项组，可以将对象按指定的角度旋转，同时可以指定旋转的中心点。

绘制一个椭圆形，选中对象，在"变换"泊坞窗中单击"旋转"按钮，打开"旋转"选项组，在"角度"数值框中设定旋转角度为 45°，在"中心"选项组里设定"水平"和"垂直"数值均为 0，在"位置"复选框中选择"中心"位置，执行 3 次"应用到再制"命令，变换的阶段效果如图 4-15 所示。

3. 缩放和镜像

"缩放和镜像"选项组 ⊡ 包括"缩放"选项组、"镜像"选项组、"不按比例"复选框、

"位置"复选框、"应用到再制"及"应用"按钮。执行菜单"排列→变换→比例"命令，可打开"缩放和镜像"选项组。

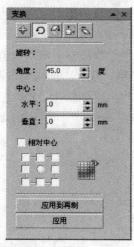

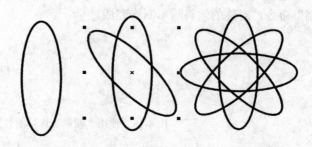

　　　图 4-14　"旋转"选项组　　　　　　　　　图 4-15　3 次旋转变换的效果图

　　如图 4-16 所示，选择要镜像的对象"蝴蝶"，把"缩放"数值框中的 "水平"和 "垂直"参数设定为 100%，在"镜像"选项组中选择"水平镜像"，"位置"复选框中选择右侧水平位置，多次执行"应用到再制"命令，可绘制蝴蝶的二方连续效果图。

　　　　图 4-16　　使用"缩放和镜像"选项组制作"蝴蝶"的二方连续效果图

4．大小

　　"大小"选项组包括"大小"选项组、"不按比例"复选框、"位置"复选框、"应用到再制"和"应用"按钮。选择"不按比例"复选框后，改变"水平"和"垂直"数值不会进行相应改变。

　　如图 4-17 所示，选择要变换的对象"五角星"，把"大小"数值框中的 "水平"和"垂直"数值减小，取消选择"不按比例"复选框，然后在"位置"复选框中选择"中心"位置，执行"应用到再制"命令，同心五角星便制作完成。

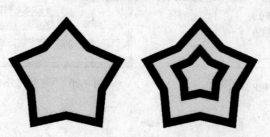

　　　　　图 4-17　使用"大小"制作的同心五角星效果图

5. 倾斜

"倾斜"选项组 包括"倾斜"选项组、"使用锚点"复选框、"位置"复选框、"应用到再制"及"应用"按钮。"倾斜"选项组有"水平"和"垂直"数值框,选择"使用锚点"单选框后,方可激活"位置"复选框中的倾斜位置。

如图 4-18 所示,选择圆形对象,在"倾斜"选项组的"水平"数值框中输入数值 45,选择"使用锚点"复选框,在"位置"复选框中选择垂直下方位置,执行"应用到再制"命令。再次选择圆形对象,在"倾斜"选项组的"水平"数值框中输入数值-45,执行"应用到再制"命令,对称的倾斜圆形制作完成。

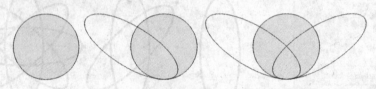

图 4-18 使用"倾斜"选项的效果图

6. 清除变换

使用"挑选工具" 选中变换后的对象,执行菜单"排列→清除变换"命令,即可清除对象的变换效果。

4.2 对齐与分布

绘制一幅比较复杂的作品时,对象的排列顺序会极大地影响画面效果。但"对齐与分布"命令,可以使对象与对象、对象与页面及对象与网格之间以各种方式对齐。

使用"对齐与分布"命令,可直接执行"排列"菜单中"对齐与分布"子菜单中的相应命令,如图 4-19 所示;也可以执行菜单"排列→对齐与分布→对齐与分布"命令,打开"对齐与分布"对话框,如图 4-20 所示。

图 4-19 "对齐与分布"子菜单

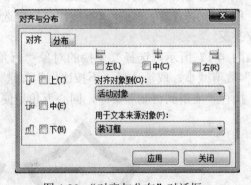

图 4-20 "对齐与分布"对话框

1. 左对齐

使用"挑选工具" 选择要左对齐的对象,打开菜单"排列→对齐与分布"子菜单,选择"左对齐"命令，对象以最先创建的对象为基准进行左侧对齐，如图 4-21（a）所示。

2. 右对齐

使用"挑选工具" 选择要右对齐的对象，打开"排列→对齐与分布"子菜单，选择"右对齐"命令，对象以最先创建的对象为基准进行右侧对齐，如图 4-21（b）所示。

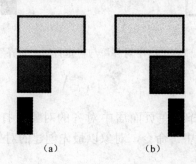

（a）　　　　　（b）

图 4-21　"左对齐"与"右对齐"效果

3. 顶端对齐

使用"挑选工具" 选择要顶端对齐的对象，打开菜单的"排列→对齐与分布"子菜单，选择"顶端对齐"命令，对象以最先创建的对象为基准进行顶端对齐，如图 4-22（a）所示。

4. 底端对齐

使用"挑选工具" 选择要底端对齐的对象，打开菜单的"排列→对齐与分布"子菜单，选择"底端对齐"命令，对象以最先创建的对象为基准进行底端对齐，如图 4-22（b）所示。

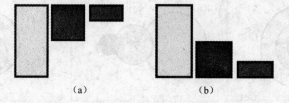

（a）　　　　　　　（b）

图 4-22　"顶端对齐"与"底端对齐"效果

5. 水平居中对齐

使用"挑选工具" 选择要水平居中对齐的对象，打开菜单的"排列→对齐与分布"子菜单，选择"水平居中对齐"命令，对象以最先创建的对象为基准进行水平居中对齐，如图 4-23（a）所示。

6. 垂直居中对齐

使用"挑选工具" 选择要垂直居中对齐的对象，打开菜单的"排列→对齐与分布"子菜单，选择"垂直居中对齐"命令，对象以最先创建的对象为基准进行垂直居中对齐，如图 4-23（b）所示。

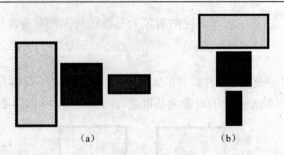

图 4-23   "水平居中对齐"与"垂直居中对齐"的效果

7．在页面居中

使用"挑选工具" ▸ 选择要在页面居中对齐的对象，打开菜单的"排列→对齐与分布"子菜单，选择"在页面居中"命令，对象以最先创建的对象为基准在页面居中对齐，如图 4-24（a）所示。

8．在页面水平居中

使用"挑选工具" ▸ 选择要在页面水平居中对齐的对象，打开菜单的"排列→对齐与分布"子菜单，选择"在页面水平居中"命令，对象以最先创建的对象为基准在页面水平居中对齐，如图 4-24（b）所示。

9．在页面垂直居中

使用"挑选工具" ▸ 选择要在页面垂直居中对齐的对象，打开菜单的"排列→对齐与分布"子菜单，选择"在页面垂直居中"命令，对象以最先创建的对象为基准在页面垂直居中对齐，如图 4-24（c）所示。

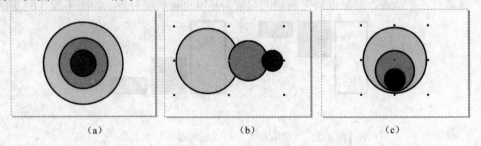

图 4-24   "在页面居中"、"在页面水平居中"及"在页面垂直居中"的效果

4.3   顺序

在 CorelDRAW 中，每一个单独的对象或群组对象都有一个层。在复杂的绘图中，需要很多图形进行组合，通过合理的顺序排列可以表现出层次关系。执行菜单"排列→顺序"命令，展开如图 4-25 所示的"顺序"子菜单。

1．到页面前面

适用于多个页面的图形排列顺序。使用"挑选工具" ▸ 选择当前页面中需要移动到前面页面的对象，打开菜单的"排列→顺序"子菜单，选择"到页面前面"命令，或按"Ctrl+Home"组合键，对象可移动到前面的页面，如图 4-26（a）所示。

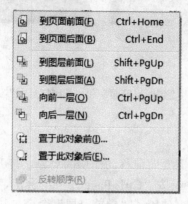

图标	命令	快捷键
🔲	到页面前面(F)	Ctrl+Home
🔲	到页面后面(B)	Ctrl+End
🔲	到图层前面(L)	Shift+PgUp
🔲	到图层后面(A)	Shift+PgDn
🔲	向前一层(O)	Ctrl+PgUp
🔲	向后一层(N)	Ctrl+PgDn
🔲	置于此对象前(I)...	
🔲	置于此对象后(E)...	
🔲	反转顺序(R)	

图 4-25　"顺序"子菜单

2．到页面后面

适用于多个页面的图形排列顺序。使用"挑选工具" 选择当前页面中需要移动到后面页面的对象，如图 4-26 所示的"鸡蛋背景"，打开菜单的"排列→顺序"子菜单，选择"到页面后面"命令，或按"Ctrl+ End"组合键，对象"鸡蛋背景"即可移动到后面，原来在后面的"小鸡"显现出来，如图 4-26（b）所示。

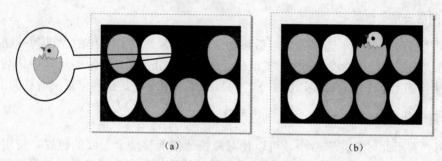

（a）　　　　　　　　　　　　（b）

图 4-26　对"鸡蛋背景"使用"到页面前面/后面"命令

3．到图层前面

使用"挑选工具" 选择页面中需要移动到前面的对象，打开菜单的"排列→顺序"子菜单，选择"到图层前面"命令，或按"Shift +PageUp"组合键，对象可移动到当前页面中所有图形的最前面。如图 4-27 所示的娃娃脸眼睛、嘴巴和额前的刘海，使用了"到图层前面"命令，移动到所有图形的最前面。

4．到图层后面

使用"挑选工具" 选择页面中需要移动到后面的对象，打开菜单的"排列→顺序"子菜单，选择"到图层后面"命令，或按"Shift+PageDown"组合键，对象可移动到当前页面中所有图形的最后面。如图 4-27 所示，对娃娃脸后面的头发使用了"到图层后面"命令，头发移动到所有图形的最后面。

图 4-27　使用"到图层前面"和"到图层后面"命令的效果

5. 向前一层

使用"挑选工具"选择需要向前移动一层的对象，打开菜单的"排列→顺序"子菜单，选择"向前一层"命令，或按"Ctrl+PageUp"组合键，对象即可向前移动一层。如图 4-28 所示的下部浅色的花瓣，使用了"向前一层"命令，其排列位置向前移动了一层。

图 4-28　使用"向后一层"和"向前一层"命令的效果

6. 向后一层

使用"挑选工具"选择需要向后移动一层的对象，打开菜单的"排列→顺序"子菜单，选择"向后一层"命令，或按"Ctrl+PageDown"组合键，对象即可向后移动一层。如图 4-28 所示的上部深色的花瓣，使用了"向后一层"命令，其排列位置向后移动了一层。

7. 置于此对象前

使用"置于此对象前"命令，可以使对象快速向前移动至需要的位置。使用"挑选工具"选择需要向前移动的对象，打开菜单的"排列→顺序"子菜单，选择"置于此对象前"命令，光标转换为黑色粗箭头状态，移动箭头并单击目标对象，所选对象即可移动至目标对象前面。如图 4-29 所示的深色的花朵，使用了"置于此对象前"命令，当光标转换为黑色粗箭头状态，单击前面浅色花朵，其排列位置移动至浅色花朵之前。

图 4-29　使用"置于此对象前"命令的效果

8. 置于此对象后

使用"置于此对象后"命令，可以使对象快速向后移动至需要的位置。使用"挑选工具"　　选择需要向后移动的对象，打开菜单的"排列→顺序"子菜单，选择"置于此对象后"命令，光标转换为黑色粗箭头状态，移动箭头并单击目标对象，所选对象即可移动至此对象后面。

9. 反转顺序

图形对象需要以相反的顺序排列时，使用"反转顺序"命令，可以使对象快速地以相反方向排列。执行菜单的"排列→顺序→反转顺序"命令，可将多个对象以相反的顺序排列，如图 4-30 所示。

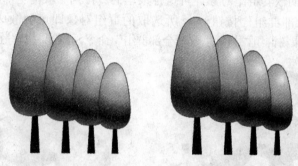

图 4-30　使用"反转顺序"命令的效果

4.4　群组、取消群组和取消全部群组

在 CorelDRAW 中，为对象群组是较为常用的功能，将对象群组后，可以对群组内的所有对象同时进行移动、缩放和旋转等基本操作。群组后的对象原属性保持不变，不能运用"形状工具"调整节点。取消群组可以对其中一个对象进行单独编辑。

1. 群组

使用"挑选工具"　　选择需要群组的对象，执行菜单的"排列→群组"命令，也可单击属性栏里"群组"按钮，或按"Ctrl+G"组合键，使所选取的对象群组在一起。群组后的对象组还可以再和另外的对象继续群组。群组后对象的填充颜色、轮廓线等原属性保持不变。

如图 4-31 所示，选择果树的树冠、果实和树干群组在一起，可方便进一步操作。把群组后的果树进行复制、移动、缩放和排列顺序，再选择 3 棵果树进行群组，可组成一个更大的对象组。

图 4-31　"群组"的效果

2．取消群组

使用"挑选工具" 选择需要取消群组的对象，执行菜单的"排列→取消群组"命令，也可单击属性栏里"取消群组"按钮 ，或按"Ctrl+U"组合键，所选取的群组对象即可解散群组。如图 4-32 所示，选择果树群组，执行"取消群组"命令，3 棵果树解散成为单棵果树。

3．取消全部群组

对多次进行群组的嵌套群组对象，可执行菜单的"排列→取消全部群组"命令，也可单击属性栏里"取消全部群组"按钮 ，所选取的群组对象即可解散成为单个元素对象。如图 4-32 所示，选择果树群组，执行"取消全部群组"命令，3 棵果树解散成为单个元素对象。

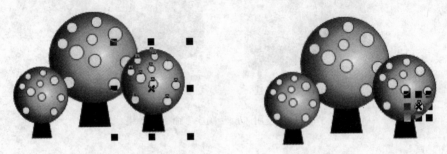

图 4-32　使用"取消群组"和"取消全部群组"的效果

4.5　结合

"结合"功能是指多个不同的对象结合成一个新的对象，使用"挑选工具" 选择需要结合的对象，执行菜单里"排列→结合"命令，也可单击属性栏里的"结合"按钮 ，或按"Ctrl+L"组合键，使所选取的对象结合成为一个新对象。如图 4-33 所示，结合后的对象原属性也随之改变，可以运用"形状工具" 调整节点。

直接使用基本绘图工具（"矩形工具"、"椭圆形工具"等）绘制的图形，执行"结合"命令后，自动转换为曲线图形。

图 4-33　多边形"结合"后的效果

4.6　打散

对结合后的对象，可以通过执行菜单"排列→打散"命令，或按"Ctrl+K"组合键，来取消对象的结合，恢复对象的原属性，如图 4-34 所示。

图 4-34　把原来对象"打散"后的效果

对文本对象执行"打散"命令，可把文本拆分成单个对象，如图 4-35 所示。

国庆 国庆

图 4-35　把美术字文本"打散"后的效果

4.7　锁定对象、解除锁定对象

在绘制复杂的图形时，为避免受到其他对象操作的影响，可以对已经编辑好的对象进行锁定。使用"挑选工具" 选择需要锁定的对象，执行菜单"排列→锁定"命令即可。当对象的控制点变成 时，表明对象已经被锁定。如图 4-36 所示，选中花朵执行"锁定"命令，所选取的对象即可被锁定。

解除锁定对象"锁定"时，执行菜单的"排列→解除锁定"命令即可。

图 4-36　对象"锁定"的效果

案例6　　剪纸

 案例描述

使用"造型"中的"焊接"、"相交"和"修剪"等命令绘制蝴蝶和"双喜"组成的剪纸图形，效果如图 4-37 所示。

图 4-37 "剪纸双喜"效果图

 案例分析

- 使用 "焊接" 和 "修剪" 命令绘制蝴蝶和 "双喜" 字的轮廓，用 "形状工具" 调整蝴蝶的节点。
- 使用 "镜像" 命令绘制蝴蝶和 "双喜"，使其形象对称。
- 在绘制过程中，为了区分不同的图形，可以临时为各个图形填充不同的颜色，作品完成时再填充最终的颜色。

 操作步骤

1. 新建文件，按 "Ctrl+S" 组合键保存文件，输入文件名 "剪纸"，单击 "确定" 按钮。
2. 绘制蝴蝶。

（1）用 "手绘工具" 绘制蝴蝶一侧的翅膀，再用 "形状工具" 在翅膀的轮廓线上调整节点。

（2）用 "椭圆形工具" 和 "手绘工具" 绘制翅膀上的斑点轮廓，再用 "形状工具" 调整斑点的节点，使其生动而富有变化。把斑点放在翅膀上，调整好大小和位置，选中翅膀和斑点，执行菜单 "排列→结合" 命令，一侧的翅膀绘制完成，如图 4-38 所示。

图 4-38 绘制蝴蝶翅膀轮廓

（3）用 "手绘工具" 绘制蝴蝶的触须，尽量减少节点，并与翅膀 "群组"。选择对象进行复制，选中新复制的对象执行 "水平镜像" 命令，把两组翅膀 "群组"，如图 4-39 所示。

图 4-39　对蝴蝶翅膀进行复制和镜像

（4）用"椭圆形工具" 绘制蝴蝶的躯干，先画两个圆，根据需要缩放，打开"对齐与分布"对话框，执行"垂直居中对齐"和"顶端对齐"命令；再绘制两个小圆作为眼睛，使其对称排放。选中对象，打开菜单"排列→造型"的子菜单，执行"焊接" 命令，如图 4-40 所示。

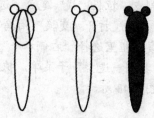

图 4-40　绘制蝴蝶的躯干

（5）把蝴蝶的躯干放在两对翅膀之间，选中所有对象，打开"对齐与分布"对话框，执行"垂直居中对齐"命令，使其对称排放。打开菜单"排列→造型"子菜单，执行"焊接" 命令，使蝴蝶成为一个整体，如图 4-41 所示。

图 4-41　"焊接"蝴蝶效果图

3. 选中蝴蝶，打开"变换"泊坞窗，使用"旋转"选项把对象旋转 45°；再使用"缩放和镜像" 选项，选择"水平镜像"，在"位置"复选框里选择"右侧水平"位置，执行"应用到再制"；把两只蝴蝶"群组"。

4. 选择对象进行复制，选中新复制的对象，使用"缩放和镜像" 选项的"垂直镜像"命令。选中所有对象，打开"对齐与分布"对话框，执行"垂直居中对齐"命令，使其对称排放。打开菜单"排列→造型"子菜单，执行"焊接" 命令，使 4 只蝴蝶成为一个整体，如图 4-42 所示。

图 4-42　把蝴蝶"旋转"、"镜像"和"焊接"的效果

5. 绘制"喜"字中的"横"笔画。使用"矩形工具" 画长方形，根据"喜"字的笔画粗细调整宽窄，复制 3 个"横"笔画。

6. 绘制"喜"字中的"竖"笔画。选中"横"笔画的长方形，打开"变换"泊坞窗，使用"旋转"选项，把对象旋转 90°，执行"应用到再制"，复制一个"竖"笔画。

7. 绘制"喜"字中的"口"。用"矩形工具" 画长方形，宽度和"横"笔画一样。按"Shift"键向内拖动角上的控制点，到达目标位置后，复制一个同心缩小的长方形。选中两个长方形，执行菜单"排列→结合"命令，"口"的笔画绘制完成，再复制一个"口"。

8. 把组成"喜"字的笔画元素按文字结构排列。选中对象，打开"对齐与分布"对话框，执行"垂直居中对齐"命令，使其对称排放。选择 3 个"横"笔画，拖动右侧中间的控制点，拉长"横"笔画。选中所有对象执行"群组"命令。

9. 打开"变换"泊坞窗，使用"缩放和镜像" 选项，选择"水平镜像"，在"位置"复选框里选择"右侧水平"的位置，执行"应用到再制"。选择对称的两组对象，打开菜单"排列→造型"子菜单，执行"焊接" 命令，使之成为一个整体，绘制"双喜"的过程如图 4-43 所示。

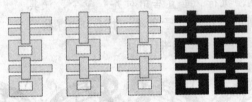

图 4-43　绘制"双喜"

10. 把"双喜"和蝴蝶叠放在一起，调整好位置和大小，选中所有对象，打开"对齐与分布"对话框，选择"垂直居中对齐"和"水平居中对齐"选项，执行"应用"，使其中心对齐。打开菜单"排列→造型"子菜单，执行 "焊接" 命令，使之成为一个整体，删除轮廓线，效果如图 4-44 所示。为完成稿填充颜色（C:0，M:100，Y:100，K:0），最终效果如图 4-37 所示。

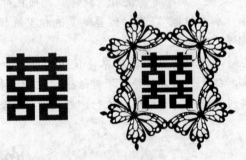

图 4-44　"双喜"和"蝴蝶"完成"焊接"的效果图

知识链接

4.8　造型

"造型"功能可以改变对象形状，是 CorelDRAW 中绘制图形经常使用的命令。打开

"排列"菜单的"造型"子菜单，如图 4-45 所示。子菜单包括"焊接"、"修剪"、"相交"、
"简化"、"移除后面对象"和"移除前面对象"等功能。选中两个或两个以上对象时，属性
栏随之显示造型命令所有按钮，如图 4-46 所示。

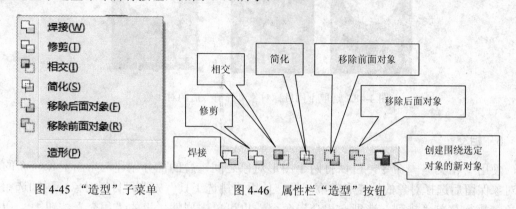

图 4-45　"造型"子菜单　　　　　　图 4-46　属性栏"造型"按钮

1．焊接

　　"焊接" 功能可以将两个或两个以上的图形对象焊接在一起，也可以焊接线条，但不
能对段落文本和位图进行焊接。多个对象焊接在一起，成为单一轮廓的新对象，原对象之间
的重叠部分自动消失。使用"挑选工具" 选择需要焊接的对象，执行菜单"排列→造型
→焊接"命令，也可单击属性栏里的"焊接"按钮 ，所选取的对象即可焊接在一起。焊接
后的对象属性与最后选取的对象属性保持一致。如图 4-47 所示，先选择圆形，后选择矩
形，执行"焊接"命令后，新图形和后选择的矩形的属性保持一致；先选择矩形，后选择圆
形，执行"焊接"命令后，新图形和后选择的圆形的属性保持一致。

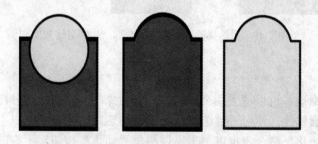

图 4-47　后选择不同对象"焊接"后的对比效果

2．修剪

　　使用"修剪" 命令，可以用目标对象修剪与其他对象之间重叠的部分，目标对象仍
保留原有的填充和轮廓属性。使用"挑选工具" 先选择目标对象，再加选修剪对象，执
行菜单"排列→造型→修剪"命令，或单击属性栏里的"修剪"按钮 ，所选取的修剪对
象即可剪掉与目标对象重叠的部分，成为一个新的图形对象。首先选择的对象为目标对象，
执行"修剪"命令后仍保留原有的填充和轮廓属性，后选择的对象为被修剪对象。如图 4-48
所示，先选取矩形作为目标对象，后选取圆形，执行"修剪" 命令后，矩形保留原有属
性，圆形被修剪成为新图形。变换目标对象后，矩形则被修剪成为新图形。

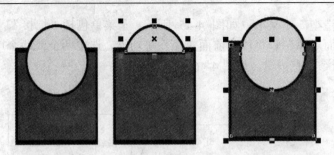

图 4-48　选取不同目标对象"修剪"后的对比效果

3．相交

使用"相交" ⬜ 命令，可以将两个图形对象之间重叠的部分创建一个新对象，新的图形对象保留后选择对象的填充和轮廓属性。使用"挑选工具"先选择目标对象，再加选相交对象，执行菜单"排列→造型→相交"命令，也可单击属性栏里的"相交"按钮⬜，所选取的两个对象重叠的部分，成为一个新的图形对象。如图 4-49 所示，先选择矩形，后选择多边形，执行"相交" ⬜ 命令后，新图形保留多边形的原有属性。先选择多边形，后选择矩形，新图形则保留矩形的原有属性。

图 4-49　后选择不同对象"相交"产生的对比效果

4．简化

使用"简化"命令，可以剪去两个或两个以上对象之间的重叠部分，简化后的对象仍保留原有的填充和轮廓属性。使用"挑选工具" ▷ 先后选择两个或两个以上的对象，执行菜单的"排列→造型→简化"命令，也可单击属性栏里"简化"按钮，下层的对象即可被上层的对象剪掉重叠的部分，成为一个新的图形对象。如图 4-50 所示，执行"简化"命令后，下层的对象被上层的对象简化成为新图形。变换上下位置后，则简化成为另外的新图形。

图 4-50　对象变换不同位置后"简化"的不同效果

5．移除后面对象

使用"挑选工具" ▷ 选择两个重叠的对象，执行菜单"排列→造型→移除后面对象"

命令，也可单击属性栏里"移除后面对象"按钮 ，后面的图形对象和与前面对象重叠的部分都被移除，成为一个新的图形对象。新图形仍保留原有的填充和轮廓属性，如图 4-51 所示。

6．移除前面对象

使用"挑选工具" 选择两个重叠的对象，执行菜单的"排列→造型→移除前面对象"命令，也可单击属性栏里"移除前面对象"按钮 ，前面的图形对象和与后面对象重叠的部分都被移除，成为一个新的图形对象。新图形仍保留原有的填充和轮廓属性，如图 4-51 所示。

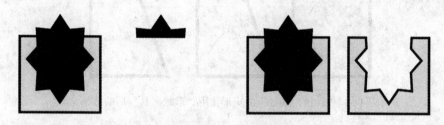

图 4-51 "移除后面对象"和"移除前面对象"的不同效果

7．造型

执行菜单"排列→造型→造型"命令，可以打开如图 4-52 所示的"造型"泊坞窗，通过泊坞窗更加方便对所选对象进行造型。

图 4-52 "造型"泊坞窗

4.9 转换为曲线

直接使用基本绘图工具（"矩形工具"、"椭圆形工具"等）绘制的图形，不能使用"形状工具"的节点编辑自由变换形状，如图 4-53 所示。执行菜单的"排列→转换为曲线"命令，将对象轮廓转换为曲线，可以按照编辑曲线的方法对外形进行编辑，如图 4-54 所示。

文本对象执行"转换为曲线"命令，可以由文本对象转换为图形对象，可以按照编辑图形对象的方法对外形进行编辑，如图 4-55 所示。

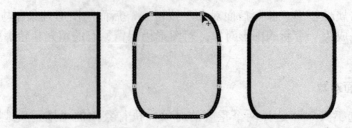

图 4-53　未"转换为曲线"的矩形使用"形状工具"后的效果

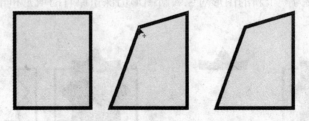

图 4-54　"转换为曲线"的矩形使用"形状工具"后的效果

花花

图 4-55　文本对象"转换为曲线"后改变轮廓的效果图

4.10　闭合路径

执行菜单"排列→闭合路径"命令，展开如图 4-56 所示的子菜单。使用"闭合路径"命令，可以将两条不相连的线条对象以不同的闭合方式连接成为图形对象。

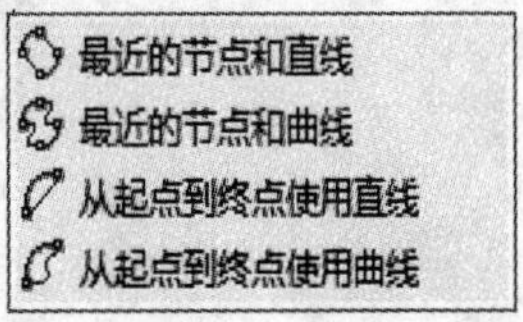

- ◊ 最近的节点和直线
- ◊ 最近的节点和曲线
- ◊ 从起点到终点使用直线
- ◊ 从起点到终点使用曲线

图 4-56　"闭合路径"子菜单

1. 最近的节点和直线

使用"挑选工具" 选择需要闭合的线条，执行菜单"排列→闭合路径→最近的节点和直线"命令，两条线最近的节点以直线连接起来，创建出一个新图形，如图 4-57 所示。

2. 最近的节点和曲线

使用"挑选工具"选择需要闭合的线条，执行菜单"排列→闭合路径→最近的节点和曲线"命令，两条线最近的节点以曲线连接起来，创建出一个新图形，如图 4-57 所示。

3. 从起点到终点使用直线

使用"挑选工具"选择需要闭合的线条，执行菜单"排列→闭合路径→从起点到终点使用直线"命令，两条线的起点和终点，终点和起点以直线连接起来，创建出一个新图形，如图 4-58 所示。

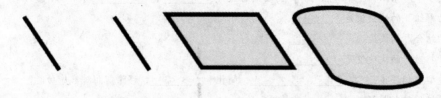

图 4-57　使用"最近的节点和直线"及"最近的节点和曲线"效果图

4．从起点到终点使用曲线

使用"挑选工具"选择需要闭合的线条，执行菜单"排列→闭合路径→从起点到终点使用曲线"命令，两条线的起点和终点，终点和起点以曲线连接起来，创建出一个新图形，如图 4-58 所示。

图 4-58　使用"从起点到终点使用直线"及"从起点到终点使用曲线"效果图

4.11　将轮廓转换为对象

在绘制图形时，经常会强化轮廓线的使用，执行菜单"排列→将轮廓转换为对象"命令，可以把轮廓线转换成为图形对象。当轮廓线转换成为图形对象后，能更加方便对象的编辑，如图 4-59 所示，选中用细线勾勒的花朵，打开"轮廓工具"组 ，选择"8 点轮廓"加粗线条，执行"将轮廓转换为对象"命令，所选取的轮廓线即可转换为图形对象，可对其使用"形状工具" 进行节点编辑。

图 4-59　使用"将轮廓转换为对象"命令的效果

 思考与实训

一、填空题

1．"变换"泊坞窗包括位置、_____、大小、_____及_____选项。

2. 群组后的对象组_____使用"形状工具"调整节点，结合后的对象_____使用"形状工具"调整节点。

3. 使多个对象以一个中心点对齐，需要同时选择_____和 _____对齐命令。

4. "群组"的快捷键是_____。

5. "结合"的快捷键是_____。

6. "打散"的快捷键是_____。

7. 造型包括焊接、_____、_____、简化和_____、移除前面对象等功能。

8. 焊接后的新图形与_____的属性一致。

9. 执行"相交"命令后，新图形保留_____的属性。

10. 两条线条执行"闭合路径→最近的节点和曲线"命令，最近的节点以_____连接起来。

二、上机实训

1. 使用"顺序"命令表现出"河流"与"远山"的层次变化，绘制如图 4-60 所示的"远山"效果图。

2. 综合运用"变换"、"顺序"和"造型"命令绘制如图 4-61 所示的"椰林"效果图。

图 4-60 "远山"效果图

图 4-61 "椰林"效果图

3. 综合运用"群组"、"顺序"和"造型"命令绘制如图 4-62 所示的"果园"效果图。

图 4-62 "果园"效果图

第 <big>5</big> 章　交互式工具组的使用

案例7　扇子

案例描述

使用"交互式工具组"、"交互式网状填充工具"等制作中国传统折扇，效果如图5-1所示。

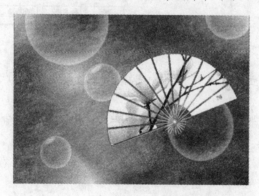

图5-1　"折扇"效果图

案例分析

- 使用"交互式工具组"中的"交互式立体化工具" 绘制折扇的基本骨架。
- 使用"变换"工具的"旋转"选项及"图框精确剪裁"功能等绘制折扇的扇面。
- 使用"交互式调和工具" 及"手绘工具"绘制折扇的穗子。
- 使用"交互式阴影工具" 及"图框精确剪裁"等功能绘制圆形气泡。
- 使用"交互式网状填充工具" 及"交互式透明工具" 绘制背景。

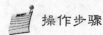
操作步骤

1. 新建文件

按"Ctrl+S"组合键保存文件，命名为"折扇"。

2. 绘制折扇骨架

（1）单击"矩形工具" 绘制一个矩形，使用"形状工具" 调整矩形为圆角矩形。

单击"填充工具"中的"渐变填充"工具 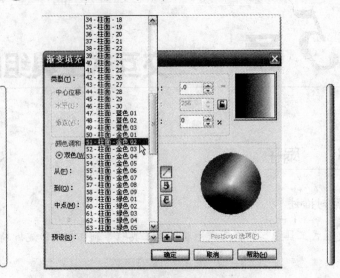，打开"渐变填充"对话框，在"预设"下拉表中选择"51-柱面-金色 02"，完成一根"折扇骨架"，绘制及填充过程如图 5-2 所示。

图 5-2 绘制"折扇骨架"

（2）单击"交互式立体化工具" ，选择立体化类型为： ，深度为:4，为"折扇骨架"制作立体化效果。

（3）选中立体化效果的"骨架"，执行菜单"排列→群组"命令，再次单击"骨架"，拖动其中心点向下移动，效果如图 5-3 所示。

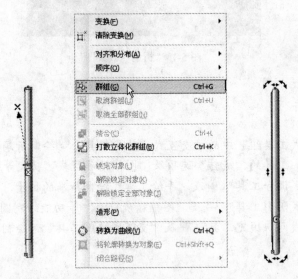

图 5-3 "交互式立体化"效果及下移"骨架"的中心点位置

（4）执行菜单"排列→变换→旋转"命令，打开"变换"泊坞窗的"旋转"选项组，设置旋转角度为 15°，连续单击"应用到再制"12 次，得到完整的"折扇骨架"，效果如图 5-4 所示。

（5）将"折扇骨架"进行"群组" ，旋转180°，效果如图 5-5 所示。

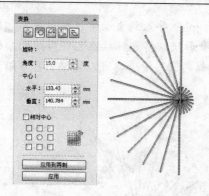

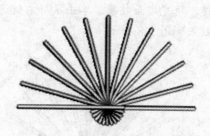

图 5-4　"变换"泊坞窗及"旋转"复制的效果　　　　　图 5-5　群组并旋转"折扇骨架"

3. 绘制扇面

（1）单击"椭圆形工具"，在"属性栏"选择绘制类型为"饼形"，设置"起始和结束角度"为 15°，按住"Ctrl"键，绘制一个正 15° 扇形。

（2）选中扇形边角上的控制点向中心拖动的同时，复制一个同心小扇形。选中小扇形，加选大扇形，执行菜单"排列→造形→修剪"命令，删除小扇形后得到一个"扇面轮廓"。绘制过程如图 5-6 所示。

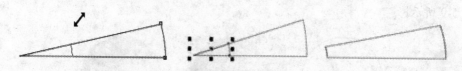

图 5-6　绘制"扇面轮廓"

（3）将绘制好的"扇面轮廓"放入"折扇骨架"中，调整其中心点位置与图 5-3 中调整后的中心点位置重合。在"变换"泊坞窗"旋转"选项组中设置旋转角度为 15°，连续单击"应用到再制" 11 次，得到完整的"扇面"效果。全选"扇面"进行"群组"，绘制过程如图 5-7 所示。

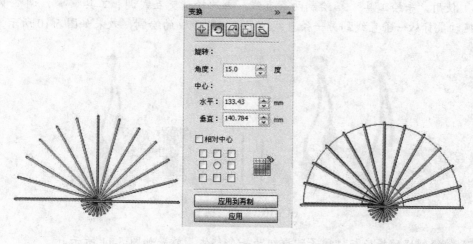

图 5-7　绘制"扇面"

（4）单击"导入"按钮 ▦，将素材文件"扇面.jpg"导入到页面中，执行菜单"效果→图框精确剪裁→置于容器中"命令。鼠标变为 ➡ 形状，将光标放在已经群组的扇面上，单击左键，填充扇面效果。单击鼠标右键选择"编辑内容"命令，可以调整图片在扇面中的位置，效果如图 5-8 所示。

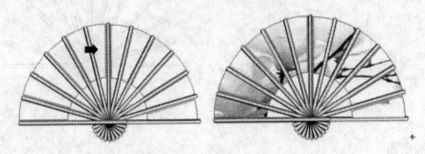

图 5-8　在"扇面"中放置图像

4．绘制穗子

（1）选择"椭圆工具" ◯，按住"Ctrl"键绘制一个正圆。单击"渐变填充"工具，在"渐变填充"对话框中设置类型为"射线"，颜色调和为双色，填充黑白渐变色。

（2）去除圆形的轮廓线，复制一个同心圆，群组两个圆形，作为扇把上的"圆扣"，效果如图 5-9 所示。

图 5-9　绘制"圆扣"

（3）选择"钢笔工具" ✎ 及"矩形工具" ▢ 绘制穗子的基本形状。

（4）使用"手绘工具" ✑ 绘制两条直线，再选择"交互式调和工具" ▦，调整步长值为 5，拖动鼠标从一条直线到另一条直线，完成"穗子"的绘制，效果如图 5-10 所示。

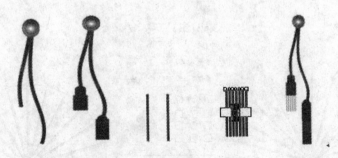

图 5-10　绘制"穗子"

（5）把绘制好的折扇与"穗子"群组为一个整体，效果如图 5-11 所示。

图 5-11　"折扇"效果

5. 绘制气泡

（1）绘制一个深色的背景，使用"椭圆形工具" 绘制一个圆形，填充色为无，轮廓色为白色。选择"交互式阴影工具" ，在圆形上拖动鼠标到合适的位置，松开左键后得到阴影效果。在"交互式阴影工具"属性栏设置参数如图 5-12 所示。

图 5-12　"交互式阴影工具"属性栏

图 5-13 所示为给圆形添加"交互式阴影"的效果。

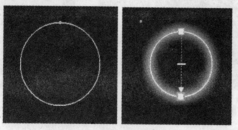

图 5-13　"交互式阴影"效果

（2）在圆形上单击鼠标右键，选择"打散阴影群组"命令，使圆形与阴影分离。选择阴影，执行菜单"效果→图框精确剪裁→放置在容器中"命令，单击圆形，将阴影放置在圆形中，去除圆形的外轮廓，效果如图 5-14 所示。

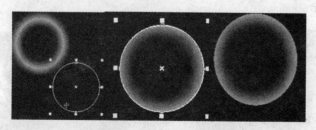

图 5-14　制作"气泡"形状

（3）用以上方法，绘制一个填充色为黑色、轮廓色为白色的椭圆，调整"交互式阴影"的效果，打散阴影群组，把阴影放入图 5-14 制作完成的气泡中，全选两者进行"群组"，完成气泡的最终效果如图 5-15 所示。

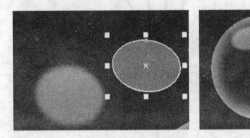

图 5-15 "气泡"效果

6. 绘制背景

（1）双击"矩形工具"⬜绘制与页面大小相同的矩形，填充色为绿色（C:82，M:5，Y:100，K:0）。单击"交互式网状填充工具"，矩形里呈现若干线框。单击线框内部节点，在调色板里选取合适的颜色进行填充，网格内每种颜色之间呈现过渡自然的渐变色彩。填充效果如图 5-16 所示。

（2）复制、粘贴已经绘制好的圆形气泡，调整大小和角度，运用"造型→修剪"命令，调整背景效果如图 5-17 所示。

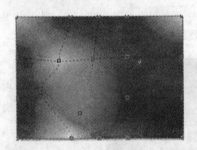
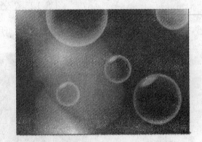

图 5-16 "交互式网状填充"效果   图 5-17   背景效果

（3）把已经绘制好的折扇放入背景图中，全选"折扇"和"背景"进行群组，效果如图 5-18 所示。

（4）单击"交互式透明工具"，在属性栏中设置透明度类型为底纹，透明度操作为正常，透明度底纹库为样品，透明度目标为全部。设置过程如图 5-19 所示，完成"折扇"最终效果如图 5-1 所示。

图 5-18 "群组"效果   图 5-19 "交互式透明"效果

知识链接

5.1　交互式调和工具

在 CorelDRAW X4 中，"交互式工具组"是进行高级图形设计与创作的重要知识点。利用各种"交互式工具"，可以创建丰富的效果，制作出精美而生动的作品。"交互式工具组"主要包括"调和" 、"轮廓图" 、"变形" 、"阴影" 、"封套" 、"立体化" 和"透明度" 7 个工具，如图 5-20 所示。

"交互式调和工具" 用于在两个对象之间产生过渡的效果，包括"直接调和"、"路径调和"及"复合调和"3 种形式，属性栏的设置如图 5-21 所示。

图 5-20　"交互式工具组"子菜单

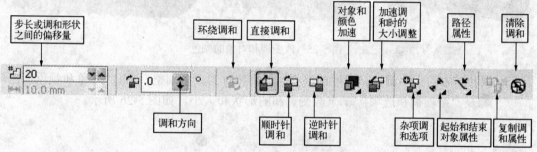

图 5-21　"交互式调和工具"属性栏

1. 直接调和

直接调和是最简单的调和方式，显示形状和大小从一个对象到另一个对象的渐变。中间对象的轮廓和填充颜色在色谱中沿直线路径渐变，其中，轮廓显示厚度和形状的渐变。通过属性栏的设置可以编辑调和对象，如调和旋转角度、增删调和中的过渡对象、改变过渡对象的颜色，以及改变调和对象的形状。直接调和的效果如图 5-22 所示。

图 5-22　直接调和效果

● "步长或调和形状之间的偏移量" ：通过改变调和对象之间的数值来增删调和过程中的过渡对象。如图 5-23 所示为"步长或调和形状之间的偏移量"分别是 8° 和 15° 时的调和效果。

图 5-23　"步长或调和形状之间的偏移量"分别是 8° 和 15° 时的效果

- "调和方向" ：可以改变调和对象的旋转角度。如图 5-24 所示为"调和方向"分别是 60°和–80°时的调和效果。

图 5-24　"调和方向"分别是 60°和–80°时的调和效果

- 调和对象的颜色调整：通过调整"顺时针调和"　、"逆时针调和"　及"对象和颜色加速"　，可以改变过渡对象的颜色，如图 5-25 所示。

图 5-25　改变调和对象的颜色

- 调和对象的大小调整：通过调整"加速调和时的大小调整"　、"对象和颜色加速"　及"杂项调和选项"　来改变调和的形状和大小，如图 5-26 所示。

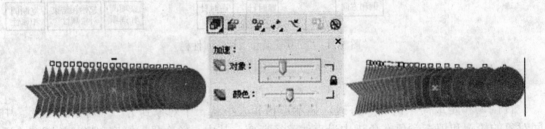

图 5-26　调整调和对象的大小

也可通过"杂项调和选项"　中的"拆分"　，来改变调和对象的形状，如图 5-27 所示。

拆分图形

拆分

图 5-27　拆分调和对象

2．路径调和

路径调和是指调和对象沿路径产生的过渡效果。单击调和工具属性栏中的"路径属性"　，执行"新路径"命令，光标变成 ✔ 形状，把它移到刚创建的路径上单击，可以让对象沿新路径排列，如图 5-28 所示。

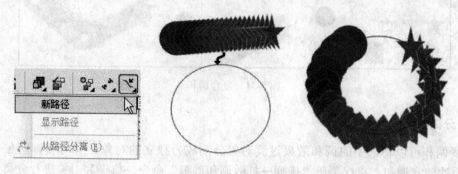

图 5-28　"新路径"效果

● 单击"杂项调和选项"按钮，选择"沿全路径排列"复选框，可以使调和对象均匀
地按路径进行排列，效果如图 5-29 所示。

图 5-29　沿全路径调和

● 单击"路径属性" 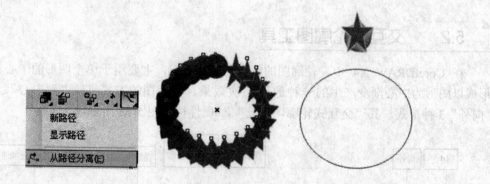 按钮，选择"从路径中分离"命令，可以使调和对象从当前路
径中分离出来，效果如图 5-30 所示。

图 5-30　从路径中分离

3．复合调和

复合调和是指由两个或者两个以上相互连接的调和所组成的调和，也可以在现有调和
对象的基础上继续添加一个或多个对象，创建出复合的调和效果，效果如图 5-31 所示。

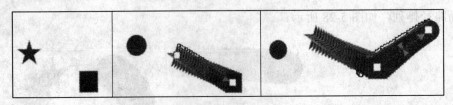

图 5-31　复合调和

4. 分离与清除调和

分离调和可以将选中的调和效果过渡对象分割成为独立的对象，并可使该对象和其他的对象再次建立调和。执行菜单"排列→打散调和群组"命令，将调和对象进行分离，分离后的图形，可以用挑选工具选中进行其他操作，如图 5-32 所示。

单击属性栏中的"清除调和"按钮，则清除对象的调和效果，只保留起端对象和末端对象。

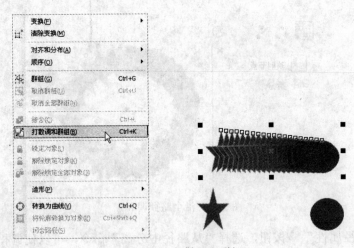

图 5-32　打散调和群组

5.2　交互式轮廓图工具

在 CorelDRAW X4 中，轮廓图的效果与调和相似，主要用于单个图形的中心轮廓线，形成以图形为中心渐变产生的一种放射层次效果。轮廓图的方式包括"到中心"、"向内"、"向外" 3 种形式，其"交互式轮廓图工具"属性栏如图 5-33 所示。

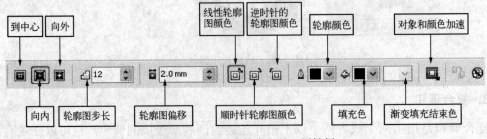

图 5-33　"交互式轮廓工具"属性栏

1．到中心

单击此按钮 ，轮廓图将会形成由图形边缘向中心放射的轮廓图效果，不能调整轮廓图的步数，轮廓图步数将根据所设置的轮廓偏移量自动进行调整，如图 5-34 所示。

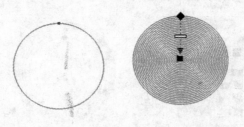

图 5-34   到中心

2．向内

单击此按钮 ，轮廓图将会形成由图形边缘向内部放射的轮廓图效果，在这种方式下，可以调整轮廓图步数和轮廓图的偏移量，效果如图 5-35 所示。

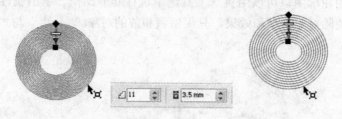

图 5-35   向内

3．向外

单击此按钮 ，轮廓图将会形成由图形边缘向外部放射的轮廓图效果，可以调整轮廓图步数和轮廓图的偏移量，效果如图 5-36 所示。

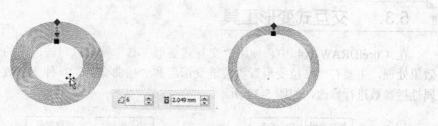

图 5-36   向外

- "线性轮廓图颜色"按钮 ：使用直线颜色渐变的方式填充轮廓图的颜色。
- "顺时针轮廓图颜色"按钮 ：使用色轮盘中的顺时针方向填充轮廓图的颜色。
- "逆时针轮廓图颜色"按钮 ：使用色轮盘中的逆时针方向填充轮廓图的颜色。
- "轮廓颜色" 下拉列表：改变轮廓图中最后一轮轮廓图的轮廓颜色，同时过渡的轮廓色也将随之改变。

- "填充色" 下拉列表：改变轮廓图中最后一轮轮廓图的填充颜色，同时过渡的填充色也将随之改变。
- "对象和颜色加速" 按钮■：调整轮廓图的形状与颜色从第一个对象向最后一个对象变换时的速度，效果如图 5-37 所示。

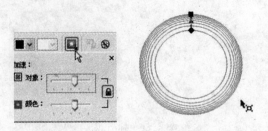

图 5-37 "对象和颜色加速" 效果

4．分离与清除轮廓图

选择需要分离的轮廓图形，执行菜单 "排列→打散轮廓图群组" 命令，可将轮廓图对象分离。分离后的轮廓图，可以用挑选工具选中进行其他操作。单击属性栏中的 "清除轮廓" 按钮■，则清除对象的调和效果，只保留调和前的对象。"分离" 与 "清除" 轮廓的效果如图 5-38 所示。

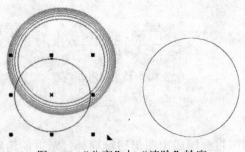

图 5-38 "分离" 与 "清除" 轮廓

5.3　交互式变形工具

在 CorelDRAW X4 中，使用 "交互式变形工具" 可以对被选中的对象进行各种变形效果处理，主要有 "推拉变形"、"拉链变形" 和 "扭曲变形" 3 种变形效果，可以通过调整属性栏参数进行修改，如图 5-39 所示。

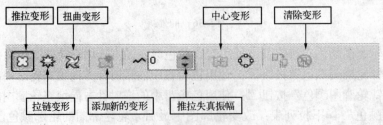

图 5-39 "交互式变形工具" 属性栏

1. 推拉变形

"推拉变形"可以推进对象的边缘或拉出对象的边缘。通过调整"推拉失真振幅"的数值 ~-69 来进行变形，也可拖动变形控制线上的控制点来调整变形的失真振幅，变形效果如图 5-40 所示。

图 5-40　"推拉变形"效果

2. 拉链变形

"拉链变形"将锯齿效果应用于对象的边缘。通过设置属性栏中的"拉链失真频率" ~99 和"拉链失真振幅" ~17 的数值进行调整，如图 5-41 所示。

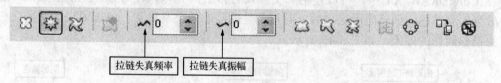

图 5-41　"交互式变形工具"属性栏

分别选择"随机变形"、"平滑变形"和"局部变形"，会使对象的轮廓产生不同的变形效果，如图 5-42 所示。对象变形后，还可通过改变变形中心来改变效果。

图 5-42　"随机变形"、"平滑变形"和"局部变形"效果

3. 扭曲变形

"扭曲变形"可以使对象围绕自身旋转，形成如图 5-43 所示的螺旋效果。同时，可以通过改变属性栏中的"完全旋转"和"附加角度" 3 76 的数值来改变图形的扭曲程度。

图 5-43　"扭曲变形"效果

4. 清除变形

"清除变形"可以清除对象最近应用的变形。选择需要清除变形的图形，单击属性栏中的"清除变形"按钮 ⑧，对象即可恢复到变形前的状态，如图 5-44 所示。经过多次变形的图形需要多次单击"清除变形"按钮，使对象恢复到初始的状态。

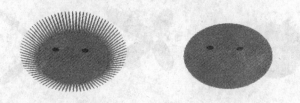

图 5-44　清除变形

5.4　交互式阴影工具

在 CorelDRAW X4 中，可以使用"交互式阴影工具"⬚，使对象产生阴影效果，从而产生较强的立体感。创建阴影效果后，若对创建的阴影效果不满意，可以通过改变属性栏的设置来调整阴影的效果，如图 5-45 所示。

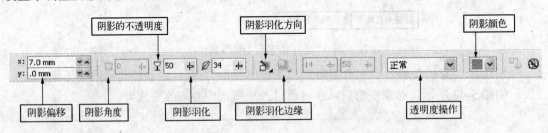

图 5-45　"交互式阴影工具"属性栏

1. 阴影偏移

用来设置阴影与图形之间偏移的距离。"正值"表示向上或向右偏移，"负值"表示向下或向左偏移。注意，要先在对象上创建对象的阴影效果后，才能对此选项进行操作。不同偏移量对应的效果如图 5-46 所示。

图 5-46　不同的"阴影偏移"效果

2. 阴影角度

用来设置对象与阴影之间的透视角度。在对象上创建了透视的阴影效果后，该选项才能使用，图 5-47 所示为设置"阴影角度"为 40° 的效果。

3．阴影不透明度

用来设置阴影的不透明程度。数值越大，透明度越小，阴影的颜色越深；数值越小，透明度越大，阴影的颜色越浅，图 5-48 所示是两种不同的阴影透明效果。

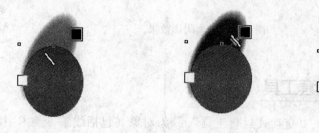

图 5-47　设置"阴影角度"为 40°　　　　　图 5-48　不同的阴影透明效果

4．阴影羽化

用来设置阴影的羽化程度，使阴影产生不同程度的边缘柔和效果，不同的阴影羽化效果如图 5-49 所示。

阴影羽化为 77 时的效果

阴影羽化为 14 时的效果

图 5-49　不同的阴影羽化效果

5．阴影羽化方向

用来控制阴影羽化的方向，"阴影羽化的方向"包括"向内" 、"中间" 、"向外" 和"平均" 4 种类型，不同的羽化效果如图 5-50 所示。

图 5-50　4 种"阴影羽化方向"的对比效果

6．分离与清除阴影

可以将对象和阴影分离成两个相互独立的对象，分离后的对象和阴影仍保持原有颜色和状态不变。选择阴影对象，执行菜单"排列→拆分阴影群组"命令，即可将对象与阴影分离。使用"挑选工具"移动对象或阴影，可以清楚地看到分离后的效果，如图 5-51 所示。

选择整个阴影对象，单击属性栏中的"清除阴影"按钮⊞，可取消阴影。

图 5-51　分离阴影效果

5.5　交互式封套工具

在 CorelDRAW X4 中，"交互式封套工具"▨为对象（包括线条、美术字和段落文本框）提供了一系列的造型效果，通过调整封套的造型，可以改变对象的外观。封套效果不仅应用于单个图形对象、文本，也可以用于多个群组后的图形和文本对象。

1. 编辑封套效果

封套由多个节点组成，可以移动这些节点为封套造型，从而改变对象形状，也可以应用符合对象形状的基本封套或应用预设的封套。应用封套后，可以对它进行编辑，或添加新的封套来继续改变对象的形状，CorelDRAW X4 还允许复制和移除封套。"交互式封套工具"属性栏如图 5-52 所示。

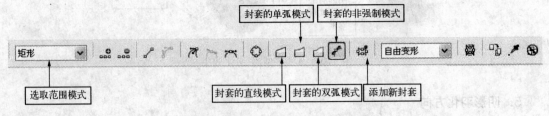

图 5-52　"交互式封套工具"属性栏

- "封套的直线模式"▢：移动封套控制点时，可以保持封套的边线为直线段。
- "封套的单弧模式"▢：移动封套控制点时，封套的边线将变为单弧线。
- "封套的双弧模式"▢：移动封套控制点时，封套的边线将变为 S 形弧线。
- "封套的非强制模式"▨：创建任意形式的封套，允许改变节点的属性，以及添加和删除节点。
- "添加新封套"▨：应用该模式后，蓝色的封套编辑框将恢复为未进行任何编辑时的状态，而应用了封套效果的图形对象仍会保持封套效果，不同的封套模式如图 5-53 所示。

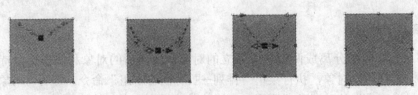

图 5-53　"封套"的不同模式

2．添加和删除控制节点

- 直接在封套线上需要添加节点的地方双击，可添加控制节点。
- 在封套线上需要添加节点的地方单击鼠标右键，在弹出的快捷菜单中选择"添加"命令，可添加控制节点。
- 在封套线上需要添加节点的地方单击，再单击属性栏上的"添加节点"按钮，可添加控制节点。
- 在封套线上需要删除的节点上单击鼠标右键，在弹出的快捷菜单中选择"删除"命令，可删除控制节点。
- 在封套线上单击需要删除的节点，再单击属性栏上的"删除节点"按钮，可删除控制节点。

5.6 交互式立体化工具

利用"交互式立体化工具"可以将任何一个封闭曲线或艺术文字转化为立体的具有透视效果的三维对象，还可以像专业三维软件一样，让用户任意调整灯光设置、色彩和倒角等。通过"交互式立体化工具"属性栏的设置，可以设计出多种图形效果，如图 5-54 所示。

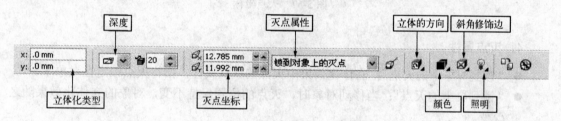

图 5-54 "交互式立体化"属性栏

1．立体化类型

在 CorelDRAW X4 中，共有 6 种交互式立体化类型，各自的效果如图 5-55 所示。

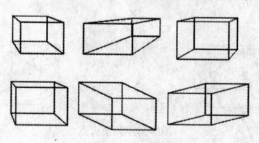

图 5-55 立体化类型

2．深度

可以用来控制立体化效果的纵深度，数值越大，深度越深。如图 5-56 所示，为深度分别是 20 和 40 时的立体化效果。

图 5-56　不同的立体化深度效果

3. 灭点坐标

灭点坐标是立体化效果之后，在对象上出现的箭头指示的坐标。用户可以在属性栏中的文本框中输入数值来决定灭点坐标，效果如图 5-57 所示。

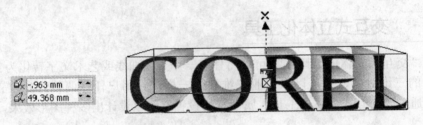

图 5-57　灭点坐标

4. 灭点属性

- "锁到对象上的灭点"：立体化效果中灭点的默认属性，指将灭点锁定在对象上。
- "锁到页上的灭点"：当移动对象时，灭点的位置保持不变，对象的立体化效果随之改变。
- "复制灭点，自…"：选择该选项后，鼠标的状态发生改变，可以将立体化对象的灭点复制到另一个立体化对象上。
- "共享灭点"：选择该选项后，单击其他立体化对象，可以使多个对象共同使用一个灭点，如图 5-58 所示。

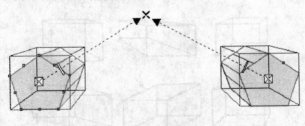

图 5-58　共享灭点

5. 立体的方向

用于改变立体化效果的角度。单击"立体的方向"按钮，在弹出面板的圆形范围内单击并拖动鼠标，立体化对象的效果会随之发生改变；也可单击面板中的"旋转值"按钮，输入旋转值，改变立体化效果的角度。立体的方向设置如图 5-59 所示。

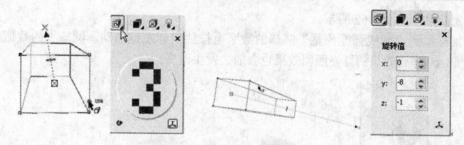

图 5-59　设置"立体的方向"

6. 颜色

单击"颜色"按钮 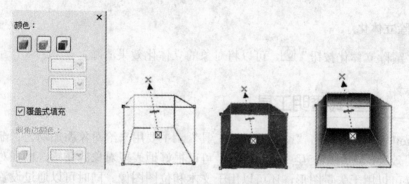，可以设置立体化效果的颜色。在弹出的"颜色"面板中，有 3 个功能按钮，分别为"使用对象填充"、"纯色"和"使用递减的颜色"，如图 5-60 所示。

图 5-60　设置"立体化颜色"

7. 斜角修饰边

单击"斜角修饰边"按钮，在弹出的面板中为立体化对象应用"斜角修饰边"效果。如图 5-61 所示，依次为不使用斜角修饰边、选中"使用斜角修饰边"和"只显示斜角修饰边"复选框后的效果。执行菜单"排列→打散斜角立体化群组"命令，可以将立体化对象进行拆分。

图 5-61　设置"立体化斜角修饰边"

8. 照明

单击"照明"按钮，在弹出的面板中有 3 个光源，选择不同的光源，可以调整立体化的灯光效果，如图 5-62 所示。

将鼠标移到"光线强度预览"圆球的数字上按住鼠标左键拖动，圆球上的数值位置会发生改变，立体化效果的灯光照明效果也会随之发生改变。

图 5-62　"立体化照明"效果

9. 清除立体化

单击"清除立体化按钮"，可以将对象的立体化效果清除。

5.7　交互式透明工具

在 CorelDRAW X4 中，"交互式透明工具"　主要用来给对象添加均匀、渐变、图案和材质等透明效果。应用"交互式透明工具"可以很好地表现对象的质感，增强对象的效果。该工具不仅可以用于矢量图形，还可以用于文本和位图图像。同时可以通过设置属性栏和手动两种方法调整对象的透明效果，如图 5-63 所示。

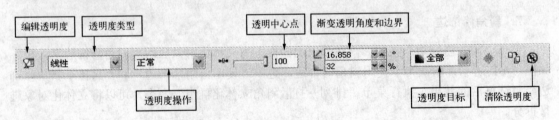

图 5-63　"交互式透明工具"属性栏

1. 编辑透明度

单击"编辑透明度"按钮，可以打开透明度编辑对话框，进行对象透明度的调整。如图 5-64 所示为选择"标准"类型，打开的"均匀透明度"对话框。

2. 透明度类型

应用透明度时，可以选择以下透明度类型。部分效果如图 5-65 所示。

● 无：选择该项后，交互式透明效果将被取消。

● 标准：选择该项后，对象的整个部分将应用相同设置的交互式透明效果。

● 线性：在对象上产生沿交互直线方向渐变的透明效果。

图 5-64　"均匀透明度"对话框

- 射线：将产生一系列的同心圆的渐变交互透明效果。
- 圆锥：将产生按圆锥渐变的交互透明效果。
- 方角：将产生按方角渐变的交互透明效果。
- 双色图样：将产生按双色图样渐变的交互透明效果。
- 全色图样：将产生按全色图样渐变的交互透明效果。
- 位图图样：将产生按位图图样渐变的交互透明效果。
- 底纹：将产生以自然外观的随机底纹的交互透明效果。

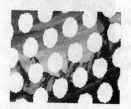

（a）线性　　　　　　（b）射线　　　　　（c）双色图样　　　　（d）底纹

图 5-65　不同类型的"交互式透明"效果

3．透明度操作

用于设置透明对象与下层对象进行叠加的模式。选择不同的效果名称，可以呈现不同的效果。如图 5-66 所示，分别选择"正常"、"底纹化"、"反显"和"红色"时的不同效果。

（a）正常　　　　　　（b）底纹化　　　　　（c）反显　　　　　（d）红色

图 5-66　不同类型的"透明度操作"效果

4．透明度中心

拖动"透明度中心"滑杆 或在"透明度中心"文本框内输入数值，可以调整透明度的中心点位置。如图 5-67 所示，当值为 0 时，中心点在最左边；当值为 50 时，中心点在对象中心；当值为 100 时，中心点在最右边。

图 5-67　不同的"透明度中心"效果

5．渐变透明角度和边界

用于设置渐变滑杆在填充对象上的角度和长短值。"渐变透明角度"越大，渐变滑杆旋转角度越大；"渐变透明边界"越小，渐变滑杆越长，效果如图 5-68 所示。

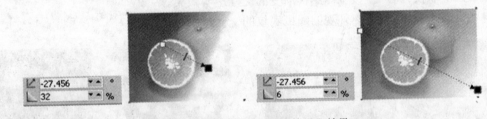

图 5-68　不同的"渐变透明边界"效果

6．透明目标

用于设置对象透明效果的范围。透明目标选项主要包括"填充"、"轮廓"和"全部"3种。"填充"只能对对象的内部填充范围应用透明度效果，"轮廓"只能对对象的轮廓范围应用透明度效果，"全部"则可以对整个对象应用透明度效果，如图 5-69 所示。

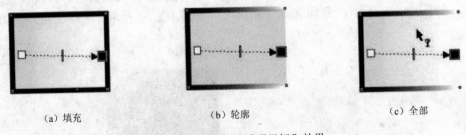

(a) 填充　　　　　　　　(b) 轮廓　　　　　　　　(c) 全部

图 5-69　不同的"透明目标"效果

7．清除透明度

单击"清除透明度"按钮 ，可以将对象的透明度效果清除。

思考与实训

一、填空题

1. "交互式调和工具组"包括＿＿＿＿＿、＿＿＿＿＿＿、＿＿＿＿＿、＿＿＿＿＿、＿＿＿＿＿＿、＿＿＿＿＿7个工具。

2. 在 CorelDRAW X4 中，封套效果不仅可以应用于单个图形对象和文本，也可以应用于＿＿＿＿＿的图形和文本对象。

3. "交互式调和工具"用于在两个对象之间产生过渡的效果，包括＿＿＿＿＿、＿＿＿＿＿、＿＿＿＿＿3 种形式。"路径调和"中单击＿＿＿＿＿＿，选中"沿全路径排列"可以使调和对象均匀地按路径进行排列。

4. 在 CorelDRAW X4 中，轮廓图的效果与调和相似，主要用于单个图形的中心轮廓线，形成以图形为中心渐变产生的边缘效果。轮廓图的方式包括＿＿＿＿＿、＿＿＿＿＿、＿＿＿＿＿3 种形式。

5. 在 CorelDRAW X4 中，使用"交互式变形工具"可以对被选中的对象进行各种变形效果处理，主要有＿＿＿＿＿、＿＿＿＿＿、＿＿＿＿＿3 种变形效果，可以通过调整属性栏参数的设置进行修改。

6. "拉链变形"将锯齿效果应用于对象的边缘，可以通过设置属性栏中的＿＿＿＿＿和＿＿＿＿＿的数值进行调整。

7. "交互式阴影工具"中的阴影偏移是用来设置阴影与图形之间偏移的距离。＿＿＿＿＿表示向上或向右偏移，＿＿＿＿＿表示向下或向左偏移。

二、上机实训

1. 运用"交互式透明工具"和"交互式阴影工具"绘制如图 5-70 所示的"表情按钮"。

图 5-70　"表情按钮"效果

提示：

● 用"交互式透明"工具绘制按钮，再用"交互式阴影工具"绘制阴影，表现其质感。

● 用"造型"工具的"修剪"和"相交"功能表现每个按钮的表情，再用"形状工具"进行调整。

2. 运用"交互式调和工具"、"交互式阴影工具"、"图框精确剪裁"等工具绘制如图 5-71 所示的"信封"。

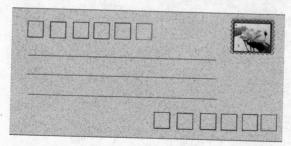

图 5-71　"信封"效果

提示：

● 通过"页面设置"设定信封标准尺寸，对信封"填充"纹理，表现信封质感。

● 运用"交互式调和工具"和"造型"工具绘制邮票的锯齿效果。

● 运用"图框精确剪裁"置入邮票图像，使用"交互式阴影工具"表现邮票的质感。

第6章　位图和文本工具的使用

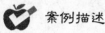 **案例描述**

应用素材文件"百合花.bmp"绘制景物画"窗外",效果如图 6-1 所示。

图 6-1　素材图片及"窗外"效果图

案例分析

● 使用"描摹位图"工具把花卉图片转换成矢量图。
● 使用"转换为位图"工具把夜空转换为位图,绘制星光效果。

 操作步骤

1. 新建文件,按"Ctrl+S"组合键保存文件,命名为"窗外"。

2. 绘制星空

(1)用"矩形工具" □ 绘制长方形,然后使用"渐变填充工具"填充颜色,起点颜色为(C:100,M:50,Y:10,K:0),末点颜色为(C:20,M:0,Y:0,K:20),"角度"为-90°。

(2)选中长方形,执行菜单"位图→转换为位图"命令,把矢量图转换为位图。

(3)选中长方形,执行菜单"位图→编辑位图"命令,弹出"编辑位图"窗口。单击"绘画工具" 🖉组,选择"图像喷涂工具" 🖼。打开"笔刷类型"下拉表,选择"星团"笔刷,"大小"数值设为 100,在位图上单击出星光,保存文件。星空效果如图 6-2 所示。

图 6-2　"星空"效果图

（4）按住"Ctrl"键，使用"椭圆形工具" ◎ 绘制两个正圆形，把两个圆形叠放在一起，执行属性栏"移除前面对象" ⬚ 命令，剪切出月亮，如图 6-3 所示。将月亮填充为黄色，去除轮廓线摆放在星空的右上角，效果如图6-1所示。

图 6-3　绘制月亮

3. 描摹花卉

（1）选择菜单"文件→导入"命令，或按"Ctrl+I"组合键导入素材图片"百合花.bmp"。

（2）选中位图，执行菜单"位图→快速描摹"命令，把位图转换为矢量图。选中新图形，执行属性栏的"取消群组" ⬚ 命令，再选中背景对象按"Delete"键删除，把花卉的所有对象进行"群组"。如图6-4所示为将素材位图转换为矢量图及去除背景的效果。

素材位图　　　　　　　　　　转换为矢量图　　　　　　　　　删除背景

图 6-4　"窗台上的百合花"描摹步骤

（3）选中矢量图百合花，另外"复制"一个新图形。打开"轮廓" ◎ 工具组，选择"细线"为花卉添加轮廓线。用"渐变填充工具"填充，起点色为（C:100，M:100，Y:0，K:0），末点色为（C:50，M:0，Y:0，K:20）。如图 6-5 所示为给"窗外的百合花"添加轮廓线并填充渐变色的阶段效果。

图 6-5　"窗外的百合花"绘制步骤

4. 用"手绘工具" 绘制猫的轮廓。选择"手绘工具" ，按住鼠标左键在页面内移动光标进行绘制，并使起点和末点衔接。使用"形状工具" 调整节点以修整轮廓，然后使用"转换曲线为直线"工具处理猫耳朵上端的节点，使其呈现尖角的效果。尽量删除轮廓上多余的节点，使轮廓线条圆滑，为轮廓填充颜色（K:100）。绘制轮廓并填充颜色的效果如图 6-6 所示。

图 6-6　绘制猫的轮廓并填充颜色

5. 使用"矩形工具" 绘制一个长方形，按住"Shift"键向中心拖动角上的控制点，在不释放鼠标左键的情况下，复制出一个同心长方形。选中两个长方形，执行"结合"命令，填充颜色（K:30），绘制窗框的阶段效果如图 6-7 所示。

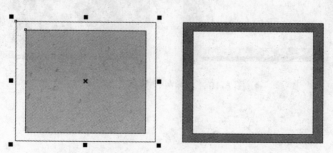

图 6-7　绘制"窗框"并填充颜色

6. 使用"矩形工具" 绘制一个长方形作为"窗帘杆"，在"窗帘杆"一端用"椭圆形工具"❍绘制两个圆形。选择两个圆形，按"Ctrl+G"组合键将其群组。复制群组后的圆形，再选择其中一组，单击属性栏中的"镜像"按钮🔳。把两组圆形对象分别放在"窗帘杆"的左右两端，再选择所有对象，打开属性栏里的"对齐"对话框，执行"水平中对齐"命令，单击"应用"按钮，填充颜色（K:100），效果如图 6-8 所示。

图 6-8　绘制"窗帘杆"并填充颜色

7. 用"手绘工具"✍绘制窗帘。选择"手绘工具"✍，按住鼠标左键在页面内移动光标绘制并使起点和末点衔接。使用"形状工具"✎调整节点修整轮廓。复制 5 个图形对象，调整对象的控制点使每个对象宽窄不同，并对 5 个对象进行"群组"，填充颜色（C:0，M:60，Y:100，K:0）。用"矩形工具"▭绘制一个长方形，填充颜色（C:0，M:60，Y:80，K:20），叠放在窗帘之后以增加层次感。如图 6-9 所示，为绘制窗帘的阶段效果。

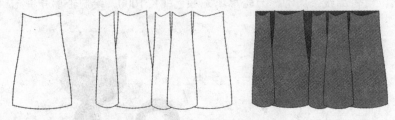

图 6-9　绘制窗帘并填充颜色

8. 将以上绘制的对象叠放在一起，分别选中并执行菜单"排列→顺序"命令，按夜空、窗外的百合花、窗台上的百合花、猫、窗框、窗帘、窗帘杆的顺序从后向前排列，效果如图 6-10 所示。

图 6-10　"窗外"排列效果图

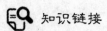 知识链接

6.1　位图的常规处理

CorelDRAW X4 的位图编辑功能与其他位图处理软件相比有许多不同，位图和矢量图之

间的相互转换是其最大的特色。

1. 导入位图

执行菜单"文件→导入"命令，或按"Ctrl+I"组合键，打开"导入"对话框，选择要导入的文件单击"导入"按钮，在绘图页单击位图即导入到页面中；也可以把其他应用程序中的位图，通过"复制"直接"粘贴"到绘图页面。

2. 编辑位图

使用"挑选工具"选中图片，在属性栏里出现"编辑位图"命令按钮，单击即可打开 Corel PHOTO-PAINT 窗口，如图 6-11 所示，在这里可以对位图进行常规处理和艺术化处理，下面介绍编辑位图窗口的主要工具和菜单。

图 6-11　编辑位图窗口

（1）工具栏

① 遮罩工具组

遮罩工具组包括"矩形遮罩工具"、"椭圆形遮罩工具"、"手绘遮罩工具"、"圈选遮罩工具"、"磁性遮罩工具"、"魔棒遮罩工具"和"笔刷遮罩工具"。

- "矩形和椭圆形遮罩工具" ▢ ○：选择矩形或椭圆形遮罩工具，按住鼠标的左键，在画面上拖出需要的矩形和椭圆形遮罩选区。如取消遮罩选区，在遮罩选区外单击鼠标左键，也可以执行菜单"遮罩→移除"命令。
- "手绘遮罩工具" ○：选择手绘遮罩工具，使用时按住鼠标的左键，在画面上绘制需要的遮罩选区，在结尾处双击即可。
- "圈选遮罩工具" ○：是遮罩工具组的重点，处理位图经常使用的工具。选择圈选遮罩工具，在画面上选择一个起始点，移动鼠标，在图形转折处单击，返回到起始点处双击，形成新遮罩选区。圈选遮罩工具一般用于圈选背景，如图 6-12 所示，用圈选遮罩工具把背景改为单色黑色，可以凸显女孩形象。
- "磁性遮罩工具" ⌘：会自动识别图形边界，用于处理色彩分明或明暗色差较大的位图。色差小的位图，边界不易识别，不宜选用磁性遮罩工具。选择磁性遮罩工具，再选择一个起始点，沿图形边线移动鼠标，在图形转折处及磁性遮罩工具不易识别的地方单击，继续移动鼠标回到起始点处双击，即可形成新的遮罩选区。

图 6-12   用圈选遮罩工具改变背景

- "魔棒遮罩工具"：是遮罩工具组的重点，用于选择某些相近的颜色，创建遮罩选区。在需要选择的区域直接单击，如果需要选择多个区域，可按住"Shift"键继续单击。属性栏里的"容限"用于调整相邻像素之间的颜色相似性或色度级别，容限越大，魔棒的选择区越大；反之，魔棒的选择区越小。

以图 6-13 所示的葵花为例，选择"魔棒遮罩工具"，单击背景色，如选区不准确，可调整容限数值。确定选择区后，可以使用"绘画工具"、"填充工具"，或执行菜单"调整"中的"颜色平衡"、"替换颜色"等命令改变背景颜色。

图 6-13   用"魔棒遮罩工具"改变花朵和背景颜色

- "笔刷遮罩工具"：选择"笔刷遮罩工具"，按住鼠标左键，在画面上拖动绘制出遮罩选区。可在属性栏调整笔刷的大小、形状的数值。

② 裁剪工具

裁剪位图时，按住鼠标左键在画面上拖动，到达预定位置时释放鼠标，双击裁剪区，如图 6-14 所示，选择裁剪区域后，还可以对 4 个角和 4 边的控制点进行调整，以做到精确裁剪。

图 6-14   裁剪位图

③ 滴管工具

"滴管工具" ✎可以对图像中的颜色进行取样。为前景色取样，可单击所需的颜色，前景色色样显示取样的颜色。为背景色取样，可按住"Ctrl"键，同时单击所需的颜色，背景色色样即显示取样的颜色。

④ 橡皮擦工具

选择"橡皮擦工具" ✎进行擦除，可按住鼠标左键在图像中拖动；如果要将移动范围限制在水平轴或垂直轴，可按住"Ctrl"键的同时拖动鼠标左键。要调整橡皮擦的大小、形状，可在属性栏调整橡皮擦大小、形状的数值，也可以按住"Shift"键，在窗口中上下拖动鼠标。

"橡皮擦工具"擦出的颜色为背景色，改变背景色，擦出的底色也随之改变。如图 6-15 所示，背景色为白色，擦出的底色即白色。

图 6-15　使用橡皮擦工具

⑤ 文本工具

使用"文本工具" ✎，可从属性栏中选择字体、高度等选项，然后在图像窗口中单击，出现光标后输入相应文本。

⑥ 去除红眼工具组

去除红眼工具组包括"去除红眼工具"、"克隆工具"和"润色笔刷工具"。

● "去除红眼工具" ✎：当相机闪光灯的光线反射到人物的眼睛时，便会产生红眼，如图 6-16（a）所示。选择去除红眼工具，在属性栏中的"大小"框中设置数值，使笔刷大小与红眼大小匹配，单击红眼区域，去除红眼前后的对比效果如图 6-16（b）、(c)所示。

　　　（a）源图　　　　　　　（b）使用去除红眼工具　　　　（c）去除红眼后的效果

图 6-16　去除红眼

● "克隆工具" ⊞：可以将图像中的像素从一个区域复制到另一个区域，覆盖图像中
　的受损元素或不需要的元素。进行克隆时，图像窗口显示两个笔刷，即"源点笔
　刷"和"克隆笔刷"，有十字线指针的是源点笔刷。设置"源点笔刷"，可从属性栏
　上的"克隆"挑选器中选择克隆样式，然后在"笔刷类型"列表框中设置笔刷形
　状，单击图像中需要克隆的像素，最后在图像中需要添加克隆像素的地方单击，即
　可设置克隆笔刷。

以图 6-17 中的葵花为例，将光标移至突出的葵花中心设置源点笔刷，然后在图像的蓝
天处单击，以设置克隆笔刷，按住鼠标左键移动，画面中即可显现克隆的葵花。

图 6-17　克隆葵花

● "润色笔刷工具" ✎：通过调和颜色移除图像中的瑕疵。在属性栏"大小"框中输
　入一个值来指定笔尖大小后，从"浓度"框中选择一个值来设置笔刷颜色的浓度。

如图 6-18（a）所示，图中女孩脸上布满雀斑，选择润色笔刷工具，调整笔尖大小、浓
度，单击雀斑处，雀斑即可淡化至消失。

（a）源图像　　　　　　　　（b）效果图

图 6-18　运用"润色笔刷工具"去除雀斑

⑦ 绘画工具组

绘画工具组包括"绘画工具"、"效果工具"、"图像喷涂工具"、"撤销笔刷工具"和
"替换颜色笔刷工具"。

● "绘画工具" ☊：可以模拟各种绘画形式。可在属性栏设置笔刷类型、大小和形状
　等笔刷外观，笔刷的颜色由前景色决定。

以绘制熊猫为例，先选择笔刷类型，为突出水墨画效果要选择柔边笔刷，且绘画不同

的位置选用不同的笔尖大小。耳朵选择较大的笔刷，头和身体的外轮廓用稍细的笔刷，嘴巴的笔刷则更细。绘制眼睛时先画黑色眼眶，然后把前景色更换为白色，在黑色眼眶内单击一下即可，如图 6-19 所示。

图 6-19　运用绘画工具绘制熊猫

- ● "效果工具" ✐：可以调整选定对象的形状、颜色或色调，在属性栏可设置笔刷类型、大小和形状等笔刷外观。

以图 6-20 女孩为例，选择笔刷类型为"中尖状涂抹"，在头发外延涂抹，把女孩的发型修改得蓬松有型。

图 6-20　运用效果工具改变女孩发型

- ● "图像喷涂工具" 🖌：使用小型全色位图来代替笔刷绘图。笔刷类型列表里预设了各种图像，也可以自己创建编辑源图像加载到笔刷类型图像列表中。

以图 6-21 为例，在笔刷类型中选择"星团"笔刷，并选用合适的笔尖大小在画面中单击，画面中即呈现零散的星光；再选择"蝴蝶"笔刷，调整好笔尖大小，在属性栏的"图像选项"中选择"随机"，然后在天空的位置单击，以实现蝴蝶在鲜花丛中飞舞的效果。

图 6-21　运用图形喷涂工具添加蝴蝶、星光

⑧ 前景色、背景色

- ● "前景色"为上面的选色框，是使用绘画工具时显示的笔触颜色。双击选色框，弹

出"前景色调色"对话框。

● "背景色"为下面的选色框，是使用橡皮擦等工具时显示的背景颜色。双击选色框弹出"背景色调色"对话框。

（2）把图像转换为黑白或灰度

把图像转换为黑白或灰度，可以在 Corel PHOTO-PAINT 窗口中打开"图像"菜单，执行"转换为黑白"或"转换为灰度"命令；也可在 CorelDRAW X4 窗口中执行菜单"位图→模式→黑白"或"位图→模式→灰度"命令。如图 6-22 所示为把位图分别转换成黑白和灰度的效果图。

图 6-22　把图像转换成黑白和灰度的效果图

① 转换为黑白

将图像转换为黑白颜色模式，可以减小文件大小或创建艺术效果的外观。黑白颜色模式图像中，每个像素必须为黑色或白色。

② 转换为灰度

灰度图像包括黑色、白色和 254 级灰度，适合于创建黑白相片效果。

（3）调整

"调整"菜单的主要功能是改善图像质量，可以调整图像的颜色、明度和色调，以校正颜色转换、平衡过暗或过亮、或改变特定的颜色，其主要功能如下。

① 亮度/对比度/强度

"亮度/对比度/强度"过滤器可用于更改图像的亮度、对比度和强度。调整亮度值时，所有颜色的亮度将增加或减少相同的值。

以图 6-23 小提琴手为例，（a）图画面较暗，而且灰度太高，对比度不大。在"亮度/对比度/强度"过滤器中增加亮度和对比度，画面变得清晰明朗。

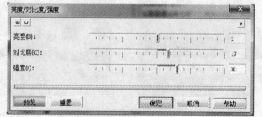

（a）源图像　　　　　　（b）"亮度/对比度/强度"对话框　　　　　（c）效果图

图 6-23　"亮度/对比度/强度"对话框及调整前后效果图

② 色度/饱和度/亮度

"色调/饱和度/亮度"过滤器可用于更改图像或通道的色度、饱和度和亮度值。色度代表颜色；饱和度代表颜色深度或浓度；而亮度代表图像中白色的总体百分比。颜色丝带显示色调的位移。"色度/饱和度/亮度"对话框，如图 6-24 所示。

③ 调合曲线

"调合曲线"过滤器用于通过调整单个色频通道或复合通道（所有复合的通道）的曲线来执行颜色和色调校正，可以拖动曲线、添加节点以创建曲线或直线来调整曲线。"调合曲线"对话框，如图 6-25 所示。

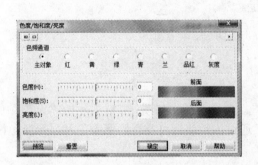

图 6-24　"色度/饱和度/亮度"对话框

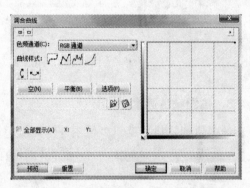

图 6-25　"调合曲线"对话框

● 颜色平衡

"颜色平衡"过滤器可通过拖动"色频通道"中的滑块，改变互补色在图像中的比重，主要调整图像的颜色平衡。在校正颜色时，如果希望减少相片色调中的红色，可以将颜色滑块从红色向青色位移；还可以直接更改色度值来更改图像中的颜色。"颜色平衡"对话框，如图 6-26 所示。

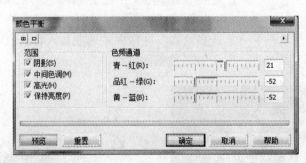

图 6-26　"颜色平衡"对话框

（4）羽化工具

"羽化工具"是编辑位图中的常用工具，以图 6-27（a）所示为例介绍羽化工具的使用方法。

① 在遮罩工具组里选择椭圆形遮罩工具，在对象上创建一个遮罩，执行菜单"遮罩→遮罩轮廓→羽化"命令，弹出"羽化"对话框，如图 6-27（b）所示。在该对话框中设置羽化宽度、方向和边的数值，单击"确定"按钮。

② 执行菜单"遮罩→反转"命令，改变遮罩选区，使女孩头部选区变为头部以外的背

景选区。

③ 按"Delete"键删除外圈背景，一幅边缘羽化的女孩图像制作完成，如图 6-27（c）所示。

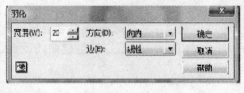

（a）源图像　　　　　　　　（b）"羽化"对话框　　　　　　　　（c）效果图

图 6-27　羽化工具对话框及羽化前后效果图

3. 位图颜色遮罩泊坞窗

选中位图，执行菜单"位图→位图颜色遮罩"命令，弹出如图 6-28 所示的"位图颜色遮罩"泊坞窗。通过该泊坞窗可实现隐藏颜色和显示颜色两个功能。

（1）隐藏颜色

隐藏颜色用于为图像隐藏背景或隐藏图像中某一部分像素。

● 颜色选择滴管：用"颜色选择滴管"在图像中选取要隐藏的颜色。

● 容限：容限用来设置隐藏颜色的范围，容限越大隐藏颜色的范围越大，反之隐藏颜色的范围越小。

图 6-28　"位图颜色遮罩"泊坞窗

如图 6-29 所示，选择"隐藏颜色"单选按钮，用"颜色选择滴管"在图面中选取蓝天背景色，调整容限大小；隐藏背景颜色后，背景变成透明，蓝天背景色被隐藏。

（a）源图像　　　　　　　　　　　　　　（b）效果图

图 6-29　隐藏颜色前后的对比效果

（2）显示颜色

显示颜色用于只保留图像中选定的某一部分像素，而去除其他的像素。

- 颜色选择滴管：在图像中选取要显示的颜色。
- 容限：设置显示颜色的范围，容限越大显示颜色的范围越大，反之显示颜色的范围越小。

如图 6-30 所示，选择"显示颜色"单选按钮，用"颜色选择滴管"在图像中选取花朵的颜色，调整容限大小；单击"确定"按钮后，花瓣的颜色显现，其余的图像被隐藏。

（a）源图像　　　　　　　　　　　　　　　（b）效果图

图 6-30　显示颜色前后的对比效果

4．矫正图像

使用 CorelDRAW X4 新增的矫正图像功能，可以很方便地对画面内容含有倾斜的位图进行裁切处理，得到端正的图像效果。选中位图后，执行菜单"位图→矫正图像"命令，即打开"矫正图像"对话框，如图 6-31 所示。

图 6-31　"矫正图像"对话框

- "旋转图像"选项：拖动滑块或直接输入数值，图像以顺时针或逆时针方向旋转，且预览窗口中自动显示旋转后可以最大限度裁切的范围。
- "裁剪图像"复选框：选择该选项后，单击"确定"按钮，即可对图像执行裁切。
- "裁剪并重新取样为原始大小"复选框：选择该选项，可以使图像在被裁切后，自动放大到与源图像相同的尺寸。反之，则只能保留被裁切后剩余的图像大小。

● "网格"选项：可以在颜色面板中设置参考网格的颜色。拖动滑块，即可对网格的疏密进行调整。

如图 6-32 所示，为图像矫正前后的对比效果，不难发现，矫正后的画面形式更为活泼。

（a）源图像　　　　　　　　　　　　　　　　（b）效果图

图 6-32　图像矫正前后对比效果

5. 图像调整实验室

在"图像调整实验室"对话框中可以更加快速、轻松地调整校正位图的颜色和色调。执行菜单"位图→图像调整实验室"命令，弹出如图 6-33 所示的"图像调整实验室"对话框。

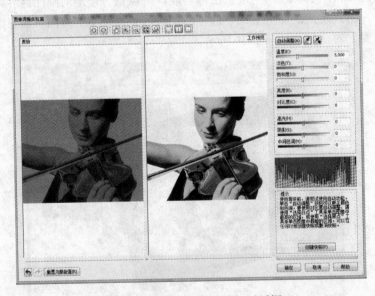

图 6-33　"图像调整实验室"对话框

（1）自动调整

通过检测最亮的区域和最暗的区域，可自动调整每个色调的校正范围，以及自动校正图像的对比度和颜色。在某些情况下，只需使用此控件就能改善图像质量。

● "选择白点"工具：在源图像上单击，自动调整图像的对比度，使太暗的图像变亮。使用该工具后，图像变得清晰，如图 6-34（b）所示。

● "选择黑点"工具：在源图像上单击，自动调整图像的对比度，可使太亮的图像变暗。

（a）源图像　　　　　　　　　　（b）效果图

图 6-34　图像自动调整前后对比效果

（2）"温度"模块

通过调整图像中颜色的暖冷来实现颜色转换，从而补偿拍摄相片时的照明条件。例如，在室内昏暗的白炽灯照明条件下拍摄相片，略显黄色，可以将温度滑块向蓝色的一端移动，以校正图像偏色。

（3）"淡色"滑块

通过调整图像中的绿色或品红色来校正颜色，可通过将淡色滑块向右侧移动来添加绿色，将滑块向左侧移动来添加品红色。调整"温度"滑块后，可以移动"淡色"滑块对图像进行微调。

（4）"饱和度"滑块

调整颜色的鲜明程度。将滑块向右侧移动，可以提高图像的鲜明程度，将滑块向左侧移动，可以降低颜色的鲜明程度。该滑块移动到左端，可以移除图像中的所有颜色，从而创建黑白相片效果。

（5）"亮度"滑块

调整图像变亮或变暗，可校正因拍摄时光线太强（曝光过度）或光线太弱（曝光不足）导致的曝光问题。

（6）"对比度"滑块

用于增加或减少图像中暗色区域和明亮区域之间的色调差异。向右移动滑块可以使明亮区域更亮，暗色区域更暗。如果图像呈现暗灰色调，可以通过提高对比度使细节鲜明化。以图 6-35 湖面为例，增加"对比度"滑块的数值，使画面效果变得鲜亮，深色的桅杆更加凸显，使画面呈现出韵律感。

（a）源图像　　　　　　　　　　（b）效果图

图 6-35　图像调整对比度前后的对比效果

（7）"高光"滑块

调整图像中最亮区域的亮度。如果使用闪光灯拍摄相片，闪光灯会使前景主题褪色，可以向左侧移动"高光"滑块，使图像的退色区域变暗。

（8）"阴影"滑块

调整图像中最暗区域的亮度。拍摄相片时相片主题后面的亮光（逆光），可能会导致该主题显示在阴影中，可通过向右侧移动"阴影"滑块，使暗色区域显示更多细节，从而校正相片。如图 6-36 所示晚霞，增加"阴影"滑块的数值，使图像的暗色区域变亮，画面暗部的效果更加丰富。

（a）源图像　　　　　　　　　　　　　　　（b）效果图

图 6-36　图像调整阴影前后的对比效果

（9）"中间色调"滑块

调整图像中间范围色调的亮度，以丰富图像层次。调整高光和阴影后，可以使用"中间色调"滑块对图像进行微调。

（10）创建快照

可以随时在"快照"中捕获校正后的图像版本，快照的缩略图出现在窗口中的图像下方。通过快照，可以方便地比较校正后的不同图像版本，进而选择最佳图像。

6.2　位图与矢量图的转换

1. 矢量图转换位图

在 CorelDRAW X4 中，可以将矢量图转换成位图。执行菜单"位图→转换成位图"命令，弹出"转换成位图"对话框，如图 6-37 所示。转换成位图后，可以应用"三维效果"等工具对位图做进一步的艺术处理。

图 6-37　"转换为位图"对话框

（1）分辨率

在分辨率下拉表中有不同的分辨率数值，也可以在文本框中直接输入适当的数值。为了保证转换后的位图效果，分辨率一般选择在 200dpi 以上。

（2）颜色模式

需要印刷或打印的设计稿一般采用"CMYK 颜色

（32）"模式，颜色模式决定构成位图的颜色数量和种类，为保证转换后的位图效果，必须将颜色模式选择在 24 位以上。

（3）选项

选项里包括"透明背景"和"光滑处理"两个选项。透明背景设置位图的背景为透明；光滑处理可以平滑像素块的边缘。

选择如图 6-38 所示矢量图"戴帽女孩"，执行菜单"位图→转换为位图"命令，矢量图即可转换为位图。再执行菜单"位图→三维效果→卷页"命令，弹出"卷页"对话框，设置卷页方向等，单击"确定"按钮，卷页前后的对比效果如图 6-38 所示。

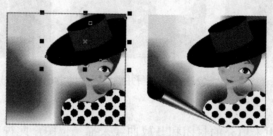

图 6-38　为转换的位图制作三维效果

2．位图转换矢量图

在 CorelDRAW X4 中，更独特的功能是将位图转换成矢量图。通过执行"描摹位图"命令，即可将位图按不同的模式转换为矢量图。用挑选工具选择位图后，单击在属性栏里出现"描摹位图"按钮，弹出的下拉列表如图 6-39 所示。

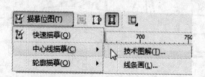

图 6-39　描摹位图下拉列表

将位图转换成矢量图，也可以打开"PowerTRACE"控件对话框，在描摹类型和图像类型里挑选转换模式，如图 6-40 所示。

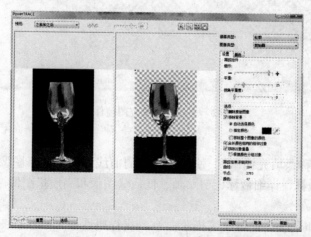

图 6-40　"PowerTRACE"控件对话框

（1）快速描摹

使用"快速描摹"命令，可以快速完成位图转换为矢量图，如图 6-41 所示。转换成矢量图后，对象自动组成"群组"，取消群组后可以重新调整每个色块的形状和颜色，也可以删除某一部分。

图 6-41　快速描摹位图并调整色块的颜色形状

（2）中心线描摹

"中心线描摹"使用未填充的封闭和开放曲线来描摹位图，此种方法适用于描摹线条图纸、施工图等。"中心线描摹"提供了两种预设方式，一种用于技术图解，另一种用于线条画，如图 6-42 所示。

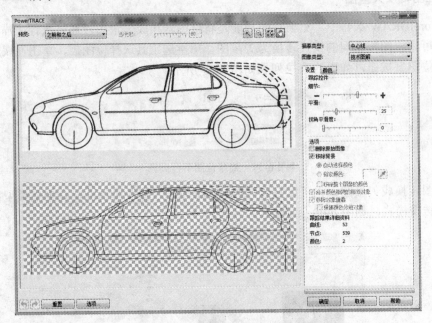

图 6-42　中心线描摹位图控件窗口

（3）轮廓描摹

"轮廓描摹"又称"填充描摹"，使用无轮廓的曲线色块来描摹图像，它有以下几种描摹方式：线条图、徽标、详细徽标、剪贴画、低质量图像和高质量图像。

① 线条图

描摹黑白草图和图解。使用快速描摹命令，执行属性栏"描摹位图→中心线描摹→线条图"命令，把位图转换为线条的矢量图，如图 6-43 所示。

图 6-43　线条图描摹效果

② 徽标和详细徽标

"徽标"描摹主要描摹细节和颜色较少的简单徽标。详细徽标描摹主要描摹包含精细的细节和许多颜色的徽标。

图 6-44　徽标描摹标志效果

以图 6-44 为例，执行属性栏"描摹位图→轮廓描摹→徽标"命令，把位图的徽标转换为矢量图的徽标，这样可以对每一个局部的形状、颜色进行灵活的调整。矢量图的徽标可以自由缩放，不易变形，在实际应用中更为方便。

③ 剪贴画

根据细节量和颜色数的不同描摹而成的图形。如图 6-45 所示，执行 "描摹位图→轮廓描摹→剪贴画"命令，较为详细地描摹出红色跑车的矢量图。

图 6-45　剪贴画描摹效果

④ 低质量图像和高质量图像

"低质量图像"用于描摹细节不足的图片，或者需要忽略细节的图片。高质量图像描摹用于描摹高质量、超精细的图片。

如图 6-46 所示，"低质量图像"描摹忽略了脸部细节，而"高质量图像"描摹更加如实地展示源图像细部特征。

图 6-46　低质量图像、高质量图像描摹对比效果

6.3　位图的艺术效果

在 CorelDRAW X4 中，为位图预设了多种多样的艺术效果。位图菜单中从"三维效果"到"鲜明化"全部都是为位图添加艺术效果的工具，可以根据设计需要，把位图处理成各种风格。下面就介绍常用的艺术处理工具。

1. 三维效果

图像应用三维效果，可使画面产生纵深感。三维效果包括"三维旋转"、"柱面"、"浮雕"、"卷页"、"透视"、"挤近/挤远"和"球面"，如图 6-47 所示。下面介绍常用的三维效果工具。

图 6-47　三维效果子菜单

（1）三维旋转

"三维旋转"命令可以使图像产生一种旋转透视的立体效果。打开如图 6-48 所示的"三维旋转"对话框，在"垂直"和"水平"数值框里输入数据调整旋转角度，也可以拖动左边的小立方体设置旋转角度。

应用"三维旋转"命令后，使用"形状工具" 分别调整图片 4 个角的节点，将变形图片中的空白区域隐藏起来。

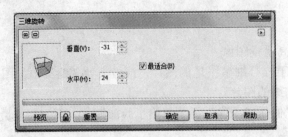

图 6-48　"三维旋转"对话框

　　以图 6-49 所示的制作手提袋为例，选择图片，打开"三维旋转"对话框，使用对话框的左侧立方体调整好位图的旋转角度，单击"确定"按钮。使用"形状工具"分别调整图片 4 个角的节点，将旋转变形后图片中的空白区域隐藏起来。添加手提袋的其余两面及提手，再把所有对象群组。

图 6-49　运用"三维旋转"工具设计手提袋效果图

（2）卷页

　　"卷页"命令可以使图像的某一个角自动卷起。打开"卷页"对话框，如图 6-50 所示，可在该对话框中设置卷角的位置、卷起方向、透明度和大小，也可为卷页选择颜色，以及图像卷离页面后所暴露的背景色。

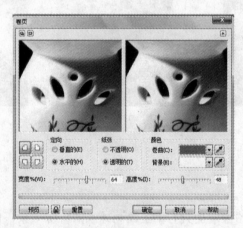

图 6-50　"卷页"对话框

　　如图 6-51 所示，为分别设置卷页位置为"左下角"和"左上角"时的卷页效果。

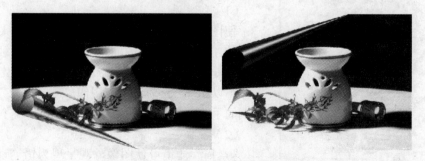

图 6-51　选择不同位置的卷页效果图

（3）球面

可将图像弯曲为内球面或外球面。打开"球面"对话框，如图 6-52 所示，可设置弯曲区域的中心点，"百分比"滑块控制弯曲度，正值使像素产生凸起形状，负值使像素产生凹陷形状。球面效果会产生荒诞、滑稽的画面效果，常应用在一些夸张的设计中。

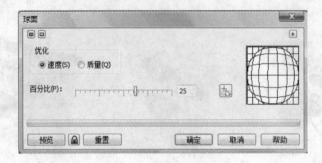

图 6-52 "球面"对话框

如图 6-53 所示，凸面的人物以鼻子为中心向外凸起，而凹面的人物以鼻子为中心向内陷，且画面呈现荒诞夸张的效果。

（a）源图像   （b）凸面效果   （e）凹面效果

图 6-53 应用球面前后对比效果图

2．艺术笔触

应用艺术笔触可以为图像增加具有手工绘画外观的特殊效果，此组滤镜中包含 14 种美术技法，如图 6-54 所示，下面介绍几种常用的艺术笔触滤镜。

图 6-54 艺术笔触子菜单

（1）印象派

使图像外观呈现"印象派"绘画的效果。印象派绘画的主要特征是斑驳的色彩和跳跃的笔触，在对话框中自定义色块或笔刷笔触的大小，并指定图像中光源量。以图 6-55 为例，应用印象派滤镜后，图片呈现斑斓的手绘效果。

（2）素描

"素描"滤镜可使图像外观呈现为铅笔素描画，表现出丰富的灰调和浓重的线条勾勒。打开如图 6-56 所示的"素描"笔触对话框，可设置相应参数。以图 6-57 为例，通过使用"素描滤镜"，使图片中的小提琴手更具艺术气质。

（a）源图像

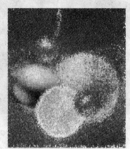
（c）效果图

（b）"印象派"对话框

图 6-55　使用印象派笔触前后对比效果图

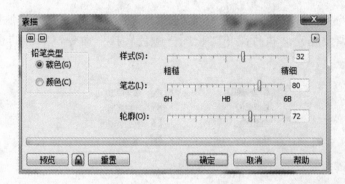

图 6-56　"素描"笔触对话框

（a）源图像

（b）效果图

图 6-57　使用素描笔触前后对比效果图

（3）木版画

应用"木版画"滤镜，使颜色呈现更简洁的平面，且笔刷形状模拟刻刀刻画的痕迹，突显木版画的神韵。可在对话框中指定颜色密度和笔刷笔触大小。

（4）水彩画

应用"水彩画"滤镜，使图像外观呈现为水彩画效果。在对话框中可以指定笔刷大小，其"粒状"滑块用于设置纸张底纹的粗糙程度，"水量"滑块设置笔刷中的水分值。

如图 6-58 所示，为对同一图片应用木版画、水彩画艺术笔触后的效果对比。木版画颜色概括、简练，水彩画色彩润泽，笔触流畅，渲染自然。

(a) 源图像

(b) 水彩画

(c) 木版画

图 6-58　使用水彩画、木版画笔触前后对比效果图

3. 颜色转换

"颜色转换"滤镜通过改变图像颜色来创建生动的效果。颜色变换滤镜包括位平面、半色调、梦幻色调及曝光。执行菜单"位图→颜色转换"命令，展开的子菜单如图 6-59 所示。

图 6-59　"颜色转换"子菜单

（1）位平面

应用"位平面"滤镜，将图像的颜色以平面化的纯色显示，产生极具装饰感的波普艺术风格。在"位平面"对话框中，可以调整每个颜色滑块的数值，也可选择"应用于所有位面"单选钮，整体进行数值调整。如图 6-60 所示，使用位平面滤镜效果后，相近的颜色平面化，且画面呈现版画的效果。

(a) 源图像　　　　　　　　(b) 效果图

图 6-60　使用"位平面"滤镜前后对比效果图

（2）半色调

应用"半色调"滤镜，使图像具有产生彩色的网状外观。

（3）梦幻色调

应用"梦幻色调"滤镜，可将图像中的颜色改变为亮闪色，产生高对比度的梦幻色调。

（4）曝光

应用"曝光"滤镜，可以反显图像色调变换图像颜色，类似底片的效果。

4．轮廓图

应用"轮廓图"滤镜，可以检测并强调图片中对象的边缘，并加以描绘。该滤镜组包括边缘检测、查找边缘和跟踪轮廓，轮廓图的子菜单如图 6-61 所示。

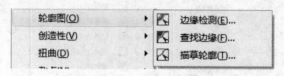

图 6-61　"轮廓图"的子菜单

（1）边缘检测

应用"边缘检测"滤镜，可检测图像中的边缘，并将其转换为单色背景。打开"边缘检测"对话框，可设置背景色颜色，还可拖动"灵敏度"滑块调整灵敏度。

（2）查找边缘

应用"查找边缘"滤镜，可查找图像中的边缘，将边缘转换为柔和线条或实线。打开"查找边缘"对话框，可设置边缘类型，如选择"软"类型，可创建平滑模糊的轮廓；选择"纯色"类型，则创建比较鲜明的轮廓。"层次"滑块调整轮廓颜色层次的多少。

（3）跟踪轮廓

应用"跟踪轮廓"滤镜，可以突出显示图像元素的边缘。打开"跟踪轮廓"对话框，可设置边缘类型，还可拖动"层次"滑块调整轮廓层次的多少。

如图 6-62 所示，分别对源图像使用"轮廓图"的 3 种工具，呈现出风格迥异的效果。

（a）源图像　　　　（b）应用边缘检测后效果　　　（c）应用查找边缘后效果　　　（d）应用跟踪轮廓后效果

图 6-62　使用轮廓图滤镜前后对比效果图

5．创造性

"创造性"滤镜用各种趣味性的元素单体，将图像变换为富有创意的抽象画面。创造性滤镜包括工艺、晶体化、织物、框架、玻璃砖、儿童游戏、马赛克、粒子、散开、茶色玻璃、彩色玻璃、虚光、漩涡和天气等 14 种滤镜。下面介绍常用的创造性滤镜，打开"创造性"的子菜单如图 6-63 所示。

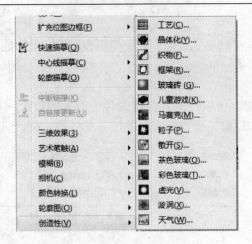

图 6-63　"创造性"的子菜单

（1）工艺

应用工艺滤镜，使图像看上去是用工艺形状（如拼图板、齿轮、大理石、糖果、瓷砖和筹码等）创建的，可在对话框中设置元素单体的大小和角度及亮度。如图 6-64 所示，对源图像分别应用了"工艺"中拼板、糖果的样式，为图片增添了趣味性。

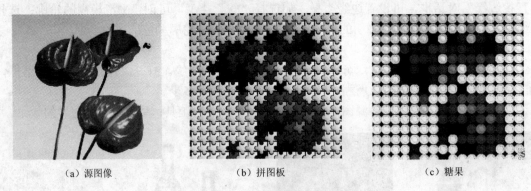

（a）源图像　　　　　　　　（b）拼图板　　　　　　　　（c）糖果

图 6-64　使用工艺滤镜前后对比效果图

（2）织物

应用织物滤镜，使图像外观看上去是用织物（如刺绣、地毯钩织、彩格被子、珠帘、丝带和拼纸等）创建的。打开"织物"对话框，可在"样式"下拉表中选择织物样式，使用各种滑块调整元素单体大小、多少、亮度及旋转角度。

（3）儿童游戏

以发光栓钉、积木、手指绘画或数字等元素单体重新创建图像。打开"儿童游戏"对话框，可在"游戏"下拉表中设置元素单体的样式，使用各种滑块调整元素单体大小、多少、亮度及旋转角度。

如图 6-65 所示，对花卉图片应用织物和儿童游戏后，画面呈现奇异的变化。

（4）框架

应用"框架"滤镜，可以为图像边缘增加涂刷效果的边框。打开"框架"对话框，可在"选项"栏设置框架样式，使用"修改"栏里各种滑块调整框架大小、透明度及旋转角度等。如图 6-66 所示，为图片选择了不同的框架的效果图。

（a）源图像　　　　　　　　　　（b）织物　　　　　　　　　　（c）儿童游戏

图 6-65　使用织物和儿童游戏滤镜前后对比效果图

图 6-66　使用不同框架样式前后对比效果图

（5）彩色玻璃

应用"彩色玻璃"滤镜，将图像变换为彩色玻璃纹样效果。打开"彩色玻璃"对话框，可设置玻璃片的大小，创建玻璃片之间焊接的宽度及颜色和光线亮度。

（6）晶体化

应用"晶体化"滤镜，可用晶体元素单体创建新图像。打开"晶体化"对话框，可使用"大小"滑块调整元素单体大小。数值越低，晶体就越小；引起的变形就越小；数值越高，产生的晶体就越大，创造的效果就越抽象。

（7）玻璃砖

应用"玻璃砖"滤镜，使图像看上去像通过许多玻璃砖观看，产生奇异的折射。打开"玻璃砖"对话框，可使用"高度"、"宽度"滑块调整元素单体大小。

如图 6-67 所示，为对图 6-64 中的源图像分别使用"创造性"中的彩色玻璃、晶体化和玻璃砖滤镜，使画面变得晶莹奇妙，增添了新的质感。

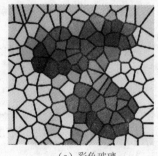
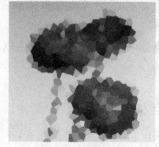

（a）彩色玻璃　　　　　　　　　（b）晶体化　　　　　　　　　（c）玻璃砖

图 6-67　使用彩色玻璃、晶体化和玻璃砖滤镜效果图

（8）粒子

应用"粒子"滤镜，使用以白色、彩色气泡和星点装饰图像。打开"粒子"对话框，可在"样式"选项组中选择粒子样式，使用各种滑块调整元素单体粗细、密度和透明度等。如图 6-68 所示，在儿童照片上添加粒子效果，可以为图片增添趣味性。

（a）源图像　　　　　　（b）使用星星粒子效果图　　　　（c）使用气泡粒子效果图

图 6-68　使用粒子滤镜前后对比效果图

6. 扭曲

"扭曲"特殊滤镜可为图片添加各种扭曲变形的效果，扭曲滤镜包括 10 种滤镜效果。下面介绍常用的扭曲滤镜，其子菜单如图 6-69 所示。

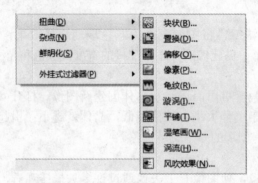

图 6-69　"扭曲"的子菜单

（1）块状

应用块状滤镜，可将图像分解为杂乱的块状碎片。打开块状对话框，设置底色（应用该效果后暴露出来）的颜色样式，高度、宽度和偏移滑块调整元素单体大小及偏移角度。

（2）偏移

应用偏移滤镜，可以使对象偏移原来的位置。打开位移对话框，通过设置位移的垂直、水平滑块调整偏移程度。

（3）漩涡

应用漩涡滤镜，可在图像上创建顺时针或逆时针漩涡变形效果。打开漩涡对话框，在"定向"复选框里选择"顺时针"或"逆时针"，设置旋转方向，"整体旋转"滑块调整层级数量，"附加度"滑块调整扭曲幅度。

（4）湿笔画

应用湿笔画滤镜，可使图像上呈现用湿笔绘画，水渍流淌，画面浸染的效果。打开湿笔画对话框，"润湿"滑块调整水量大小，以设定"润湿"的程度。

图 6-70 为分别对水果图片应用块状、偏移、漩涡和湿笔画滤镜所产生的效果。

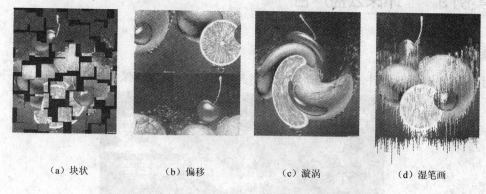

（a）块状　　　　　（b）偏移　　　　　（c）漩涡　　　　　（d）湿笔画

图 6-70　使用块状、偏移、漩涡和湿笔画滤镜效果图

（5）龟纹

应用"龟纹"滤镜，可使图像产生波纹效果。打开"龟纹"对话框，如图 6-71 所示，在"主波纹"选项组中设置波动周期及振幅，在"角度"数值框设置波纹倾斜角度，选择"扭曲龟纹"复选框可使波纹发生变形。如图 6-72 所示，为添加波浪形的龟纹滤镜，使图片产生水波荡漾的效果。

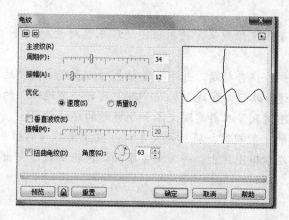

图 6-71　"龟纹"对话框

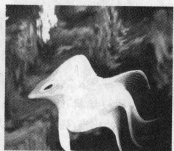

（a）源图像　　　　　　　　　（b）效果图

图 6-72　使用龟纹滤镜前后对比效果图

案例9 　　环保公益广告

 案例描述

根据提供的素材文件"冰川.bmp"，绘制如图 6-73 所示的环保公益广告"地球暖了"。

图 6-73 　《地球暖了》效果图

案例分析

● 为使广告背景呈现三维效果，使用位图处理工具对素材文件"冰川.bmp"进行"卷角"艺术处理。
● 使用文本工具制作广告标题，并用冷暖颜色对比表现主题"地球暖了"。
● 通过"使文本适合路径"实现副标题"我们只有一个地球"的弧形排列效果。
● 使用"文本绕图排列"工具实现文本和副标题的环绕效果。
● 遵循广告设计的一般规律，将标题文字放在左上角醒目的位置，核心文字以叠压的方式集中放置在冰川图片上，并为文字添加白色轮廓线以突出显示效果。

 操作步骤

1. 创建文件

执行菜单"文件→新建"命令，创建一个新文件，将文件命名为"地球暖了"。

2. 处理图片

（1）选择菜单"文件→导入"命令，或按"Ctrl+I"组合键，导入"冰川"图片。

（2）执行菜单"位图→编辑位图"命令，打开"Corel PHOTO-PAINT"窗口，再执行"调整"菜单中的"亮度/对比度/强度"、"色度"等命令对图片进行调整，调整前后的对比效果如图 6-74 所示。

（3）执行菜单"位图→三维效果→卷页"命令，弹出"卷页"对话框，选择卷页位置为"左下角"，拖动"高度"和"宽度"滑块设置卷页参数，单击"确定"按钮。"卷页"对话框的设置及卷页效果如图 6-75 所示。

（a）源图像　　　　　　　　　　　　　　（b）效果图

图 6-74　图片调整前后的对比效果

　　注意： 在"卷页"对话框中，选择与广告底色一致的"背景"颜色，以保持画面的色调统一，可以通过"预览"观察卷页的整体效果。

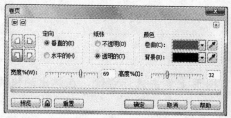

图 6-75　制作卷页效果

3．绘制标题

（1）选择"文本工具" 字，单击页面空白处，输入文字。

（2）选择"挑选工具" ，单选文字，然后在属性栏的"字体列表"中选择合适的字体。

（3）在属性栏里调整文字大小，或直接拖动文字四周的控制点进行缩放。

（4）执行菜单"排列→打散美术字"命令，文字变成单个文字后，再把"暖"字放大。

（5）用"渐变填充工具"对文字分别填充，"暖"字用暖色，其余的字用冷色。处理标题文字的阶段效果如图 6-76 所示。

图 6-76　处理标题文字

4．绘制副标题

（1）用"文本工具" 字输入"我们只有一个地球"，然后用"椭圆工具" 绘制一个椭圆，按住"Shift"键单击文字和椭圆形，或者用"挑选工具" 框选文字和椭圆，执行菜单"文本→使文本适合路径"命令，使文字排列成圆弧形。

（2）执行菜单"排列→打散→在路径上的文本"命令，或按"Ctrl+K"组合键，把文字与椭圆形分开，重新调整文字的位置。

（3）分别给文字和地球填充颜色。地球填充颜色值为（C:100，M:0，Y:0，K:0），文字填充颜色值为（C:0，M:100，Y:100，K:0）。

（4）选择文字和地球后，执行"群组"命令，或按"Ctrl+G"组合键。绘制副标题的阶段效果如图 6-77 所示。

图 6-77　绘制副标题

5．编辑海报内容

（1）在页面空白处输入广告所需段落文本。

（2）使用"挑选工具" 在群组的地球和文字图形上单击鼠标右键，在弹出的快捷菜单中选择"段落文本换行"命令。

（3）把图形拖放到段落文本框中，形成文本绕图排列，效果如图 6-78 所示。

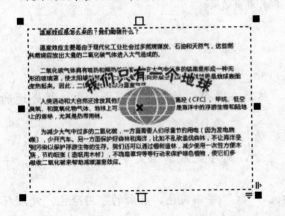

图 6-78　文本绕图排列效果

（4）用"矩形工具" 绘制一个长方形，然后选择"形状工具" 单击长方形，拖动长方形 4 个角的任意控制点，以形成一个圆角的矩形。

（5）选择"文本工具" ，将光标放在矩形的轮廓线上，当光标变成 时单击，在图形内出现段落文本框，输入文本内容即可。

（6）用"交互式阴影工具" 给矩形添加阴影效果，以丰富画面层次，如图 6-79 所示。

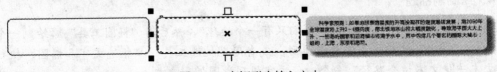

图 6-79　在矩形内输入文本

（7）移动矩形使其与文本绕图排列的一组对象对齐，最终效果如图 6-73 所示。

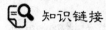 知识链接

6.4　文本工具

在进行平面设计创作中，图形、色彩、文字是最基本的三大要素。文字的作用是任何元素也不能替代的，它能直观表达思想，反映诉求信息，让人一目了然。下面详细介绍 CorelDRAW X4 中文本输入和文本编辑的各种操作技法。

1．文本工具的基本属性

文字的基本属性包括文本的字体、颜色、间距及字符效果等。在工具栏里选择"文本工具"时，在属性栏里会显示与文本相关的选项，如图 6-80 所示。下面就文本的属性栏进行详细介绍。

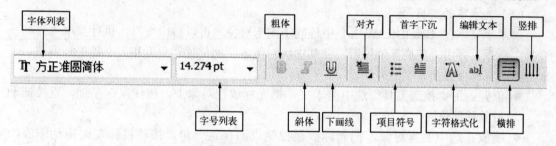

图 6-80　文本工具的属性栏

- 字体：选择文本工具或选择文本对象后，在属性栏的"字体列表"下拉表中选择字体。
- 粗体：单击该按钮，可将文字加粗，再次单击，使加粗的文字还原。
- 斜体：单击该按钮，可将文字倾斜，再次单击，使倾斜的文字还原。
- 下画线：单击该按钮，可为文字添加下画线，再次单击，则取消下画线。
- 对齐：单击该按钮，弹出"水平对齐"下拉列表，可以根据需要选择文字的对齐方式。
- 项目符号：单击该按钮，弹出"项目符号"对话框，可设置符号样式、大小和间距等，再次单击该按钮，取消项目符号的使用。
- 首字下沉：为突出段落的句首，可在段落文本中使用首字下沉。单击该按钮，弹出"首字下沉"对话框，可设置首字下沉的字数和间距等参数，再次单击该按钮，取消首字下沉的使用。如图 6-81 所示，为"首字下沉"对话框及效果图。

图 6-81　"首字下沉"对话框及效果图

● 字符格式化：单击该按钮，弹出"字符格式化"泊坞窗，如图 6-82 所示，在该泊坞窗中可以对字符进行格式化设置。

    ● 编辑文本：单击该按钮，弹出"编辑文本"对话框，可对文本进行编辑。

    ● 将文本更改为水平方向：单击该按钮，可使选中的文本呈水平方向排列。

    ● 将文本更改为垂直方向：单击该按钮，可使选中的文本呈垂直方向排列。

图 6-82 "字符格式化"泊坞窗　　**2. 美术字文本**

CorelDRAW X4 默认的输入文本是美术字文本。选择工具箱中的"文本工具"，在绘画窗口中的任意位置单击，出现输入文字的光标后，选择合适的输入法，便可输入美术字。输入完成后，重新选择工具箱中的"挑选工具"，可在属性栏中的字体列表挑选字体。

（1）美术字的变换

美术字文本在 CorelDRAW X4 中等同于图形对象，可以自由变换。执行菜单"排列→变换"命令，弹出"变换"泊坞窗，在其中可对美术字的位置、角度和大小等进行调整。下面介绍用鼠标变换美术字的方法。

● 位置：用"挑选工具"选中美术字，把光标放在对象上，按住鼠标左键，直接拖动对象移动位置。

● 缩放：选中文本对象，把光标放在控制点的任意一角，按住鼠标左键拖动缩放。如图 6-83 所示，选择文本对象，按住鼠标左键拖动右上角控制点，可以任意缩放文本对象。

图 6-83　文本缩放效果图

● 拉长和挤压：选中文本对象，把光标放在控制点的中间一点，按住鼠标左键拖动，可以将美术字拉长或压扁。如图 6-84 所示，使用鼠标选中左边中间的控制点并向中心拖动，使文本对象变长。

图 6-84　拉长文本效果图

● 旋转：双击选中的文本对象，对象四周的控制点变成双箭头形状，移动光标至控制点的任意一角，当光标变成环状箭头时，按住鼠标左键沿顺时针或逆时针方向拖动，即可让美术字实现旋转，如图 6-85 所示。

图 6-85　旋转文本效果图

- 倾斜：双击选中的文本对象，对象四周的控制点变成双箭头形状，移动光标至四边中间的控制点，当光标变成双向单箭头形状时，按住鼠标左键左右或上下拖动，即可让美术字实现左右或上下倾斜，如图 6-86 所示。

图 6-86　倾斜文本效果图

（2）添加轮廓线

选中文本对象，打开"轮廓工具"组，直接选择预设的各种宽度的轮廓线；还可以打开"轮廓笔"对话框，自定义轮廓线的颜色、宽度及样式等。为了突显文字，必须选择"后台填充"和"按图像比例显示"复选框。

（3）字符间距

选中文本对象，使用"形状工具"，光标变成形状，移动光标至右边的控制点，按住鼠标左键左右拖动，美术字的间距产生变化，如图 6-87 所示。当调整垂直排列的文本字符间距时，可以拖动左边的控制点拉大或缩小字符间距。

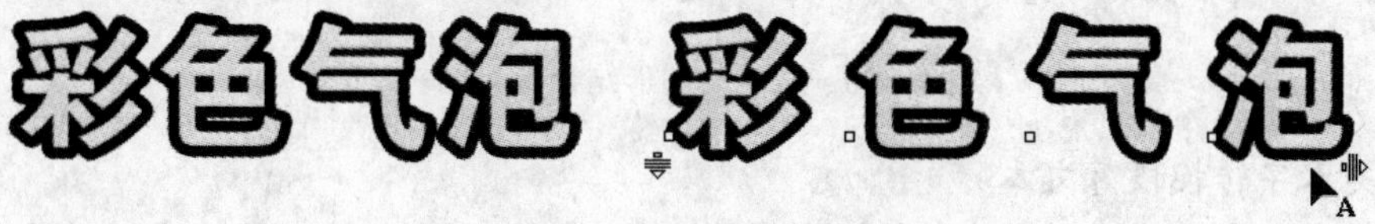

彩色气泡　彩色气泡

图 6-87　调整字符间距效果图

（4）修饰美术字

在实际的设计工作中，仅仅依靠系统提供的字体进行设计是远远不够的，还需要设计师发挥更多的创意。把美术字转换为曲线，即把文本转换为图形，可将文本作为矢量图形进行各种造型上的改变，充分发挥设计师的想象力和创造力。

- 拆分美术字：为了更加灵活地修饰文本，可以把文本拆分成单个字符。选择文本对象，执行菜单"排列→拆分美术字"命令，或按"Ctrl+K"组合键，美术字文本即被拆分成单个字符，此时可以对单个文字进行创意性编辑。

● 美术字转为曲线：选择文本对象，执行菜单"排列→转换为曲线"命令，或按
"Ctrl+Q"组合键，可使美术字文本转换为矢量图形。如图 6-88 所示，把文本对象转
为曲线后，使用形状工具修改笔画的节点，并为某一笔画填充不同的颜色，增加了
文字的形式感。

图 6-88　"美术字转为曲线"后改变字形效果图

● 拆分曲线：文本转换为矢量图形后仍是一个整体图形，如果要对单个笔画进行
修饰，还要进一步拆分曲线。如图 6-89 所示，选择文本对象后，执行菜单"排
列→拆分曲线"命令，或按"Ctrl+K"组合键，可使整体的文字图形拆分成若干
闭合图形，若删除"糖果"中某一笔画，以糖果图形替代，可使文字变得生动
鲜活。

图 6-89　拆分曲线后改变笔画效果图

● 与图形结合：把文本和一个图形叠放在一起，同时选中文本和图形，执行"结合"
命令。二者结合成一个图形，重叠部分呈现露底显白，如图 6-90 所示，且文本自动
转换为曲线。

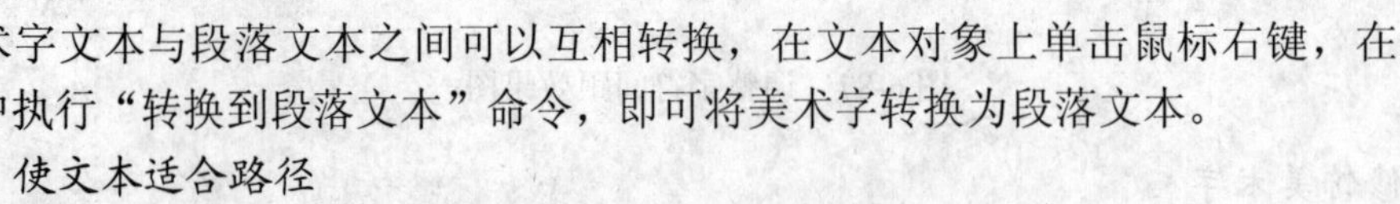

图 6-90　文本与图形结合效果图

（5）美术字转换段落文本

美术字文本与段落文本之间可以互相转换，在文本对象上单击鼠标右键，在弹出的快
捷菜单中执行"转换到段落文本"命令，即可将美术字转换为段落文本。

（6）使文本适合路径

在设计创作中，需要使文字与图形紧密结合，或者使文字以较为复杂的路径排列，可
应用"使文本适合路径"命令。

① 先绘制一个图形或一条曲线，加选文本对象，执行菜单"文本→使文本适合路径"
命令，文本便自动与路径切合，阶段效果如图 6-91 所示。

② 沿路径排列后的文字，可以在属性栏修改其属性，以改变文字沿路径排列的方式。
如图 6-92 所示，为文本在路径上不同位置的效果图。

图 6-91　文本适合路径效果图

- 文字方向下拉表：设置文本在路径上的排列方向。
- 与路径的距离：设置文本在路径上的排列后两者之间的距离。
- 水平偏移：设置文本起始点的偏移量。
- 镜像按钮：设置文本在路径上水平/垂直镜像。

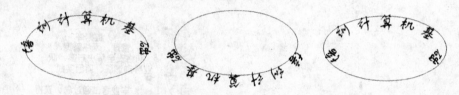

图 6-92　文本在路径上不同位置的效果图

③ 调整好文字位置后，要把文本与路径分离。选择路径文字，执行菜单"排列→拆分在一路径上的文本"命令，文字便与路径分离。

④ 改变路径后的文本仍具有文本的基本属性，可以删除或添加文字、更改字体等。

（7）矫正文本

应用"使文本适合路径"命令后，如果需要撤销文字路径，选择路径文本，执行菜单"文本→矫正文本"命令，路径文本恢复原始状态，效果如图 6-93 所示。

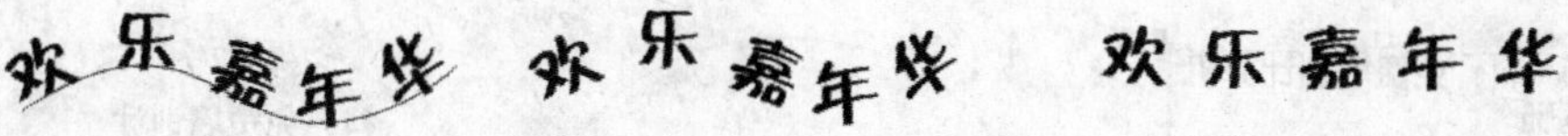

欢乐嘉年华　欢乐嘉年华　　欢乐嘉年华

图 6-93　矫正文本路径效果图

3．段落文本

段落文本除了基本属性选项外，还可以通过"段落文本框"的使用，实现与图形的各种链接，下面作重点介绍。

（1）文本框

- 选择"文本工具"，按住鼠标左键在窗口拖动，显示文本框如图 6-94 所示，可在其中直接输入文本。
- 取消文本框，执行菜单"文本→段落文本框→显示文本框"命令，取消该命令的复选标记即可。

（2）在图形内输入文本

在图形内输入文本可将文本输入到自定义的图形内。以图 6-95 为例，先绘制一个椭圆形或自定义一个封闭图形，选择"文本工具"，将光标移动到图形的轮廓线上，当光标变为垂直双箭头时单击，在图形内出现一个随形的文本框，即可在文本框里输入文本。

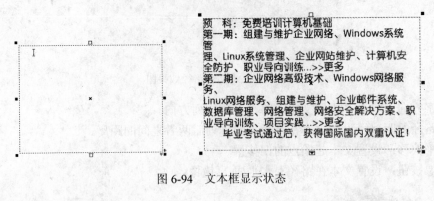

图 6-94　文本框显示状态

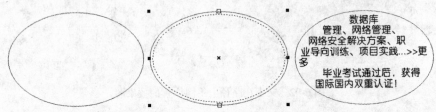

图 6-95　在图形内输入文本效果图

（3）文本与图形的链接

文本还可以链接到图形中，以图 6-96 为例，具体方法如下。

① 选中文本对象，把鼠标移动到文本框下方的 ▽ 控制点上。

② 单击左键，光标变成 ▣ 形状，把光标移动到图形对象上，光标变为 ➡ 形状，再单击图形，即可将文本链接到图形对象中。

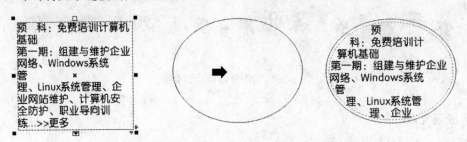

图 6-96　文本与图形的链接效果图

（4）文本绕图排列

文本绕图排列是指文本沿图形的外轮廓进行各种形式的排列。以图 6-98 所示为例，具体方法如下。

① 在页面上输入段落文本，导入或绘制一个图形。

② 在图形上单击鼠标右键，然后在弹出快捷菜单中选择"段落文本换行"命令，如图 6-97 所示。保持图形的选取状态，单击属性栏中的"段落文本换行"按钮，在弹出的下拉列表中选择绕图方式。

③ 将图形拖放到段落文本中，文本环绕图形效果如图 6-98 所示。

图 6-97 段落文本换行下拉列表

图 6-98 文本环绕图形效果图

注意： 文本绕图不能应用在美术字文本中，如需使用此功能，必须先将美术字文本转换成段落文本。

 ## 思考与实训

一、填空

1. CorelDRAW X4 的位图处理与其他位图处理软件相比有许多不同，_____与_____之间的相互转换是其最大的特色。

2. 从文件里导入位图的快捷键是_____。

3. 在_____里可以对位图进行常规处理。

4. 删除或更改相片的背景色，经常用_____遮罩工具选取背景。

5. 魔棒遮罩工具是遮罩工具组的重点，要选择多个区域，可按住_____键连续单击。"容限"越大，魔棒的选择区_____；反之，魔棒的选择区_____。

6. 去除红眼工具组包括去除_____工具、_____工具和_____工具。

7. 进行克隆时，图像窗口显示两个笔刷，有十字线指针的是_____笔刷。

8. 如果希望减少相片色调中的颜色，可以编辑位图中的"调整"菜单选择_____更改图像中的颜色。

9. 位图颜色遮罩泊坞窗里有两个功能：_____和_____。

10. 利用 CorelDRAW X4 新增的矫正图像功能，可以很方便地对画面_____的位图进行裁切处理，得到端正的图像效果。

11. "轮廓描摹"有以下几种描摹方式：_____、徽标、详细徽标、_____、低质量图像和_____。

12. 文本绕图排列使用"挑选工具"在图形上单击鼠标_____，在弹出的快捷菜单中选择_____命令。

13. 调整美术字的间距可以直接使用_____工具。

14. 应用"使文本适合路径"命令后，把文本与路径分离。执行"排列"菜单中_____命令，文字即可与路径分离。

15. 应用"使文本适合路径"命令后，如果需要撤销改变了的文字路径，选择与路径分离后的路径文字，执行"文本"菜单中_____命令，路径文字即可恢复原始状态。

二、上机实训

1. 使用"三维旋转滤镜"设计一个用自己照片组成的立方体"照片魔方"，效果如图 6-99 所示。

图 6-99 "照片魔方"效果图

提示：

● 应用三维旋转滤镜的图片，会产生空白区域，可用"形状工具"调整节点，将图片中的空白区域隐藏。

● 完成立方体后，为了增强立体感，用"矩形工具"绘制了个矩形，转换为曲线，调整节点使之与 3 幅照片完全重合，并填充灰色。

● 运用"交互式透明工具"使覆盖在照片上的矩形变得透明。

2. 使用美术字设计一本书的封面，效果如图 6-100 所示。

图 6-100 封面设计效果图

提示:

● 给文字添加轮廓线时,一定要选择"后台填充"和"按图像比例显示"选项。

● 把文字和图形结合后,文字自动转换为曲线,不能再进行编辑,所以在与图形结合前,把文字备份。

● 背景文字和背景相交后,文字自动转换为曲线,不能再进行编辑,所以在与背景相交前,把文字备份。

● "设计师"文字打散后,使用"智能填充工具"在空白处填充。

3. 使用"段落文本"和"美术字"设计一幅计算机培训小海报,效果如图 6-101 所示。

图 6-101　计算机培训小海报效果图

提示:

● 中文和英文的横排、竖排效果大有不同,制作中细心体会。

● 沿路径排列后的标题文字,可以在属性栏修改其属性,以改变文字沿路径排列的方式。

● 要将文字环绕的图形进行群组,群组后的图形方可使用"段落文本换行"命令。

第 **7** 章 综合应用

 案例描述

通过绘制如图 7-1 所示的"小海星",掌握设计卡通形象的基本方法。

图 7-1　"小海星"效果图

 案例分析

● 使用"多边形工具" 和"艺术笔工具" 绘制海星的轮廓,再用"形状工具"
调整海星的节点。
● 使用"对齐与分布"命令使圆形背景与其中的多边形居中放置。

 操作步骤

1. 新建文件,按"Ctrl+S"组合键保存文件,输入文件名"小海星",单击"确定"按钮。
2. 绘制海星

(1)选择"多边形工具" ,在属性栏设置边的数量为 5,按住"Ctrl"键绘制一个正
五角星。使用"形状工具" 选择五角星内角的任意节点,向外拖动。再次单击对象,按住
上端中间控制点向右侧拖动,使其倾斜。选择五角星,执行菜单"排列→转换为曲线"命
令,再使用"形状工具" 调整节点,选中全部节点,单击属性栏"转换直线为曲线"按钮
,逐一调整节点杠杆,使"海星"形象饱满可爱,如图 7-2 所示。

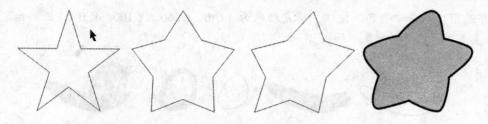

图 7-2 绘制"海星"轮廓

（2）选中对象，打开"轮廓工具"组 🖋，选择"8 点轮廓"。打开"轮廓笔"对话框，选择"后台填充"和"按图像比例显示"复选框，单击"确定"按钮。填充颜色为（C:0，M:20，Y:100，K:0）。

（3）选择"艺术笔工具" 🖌绘制海星上的高光，然后在属性栏中调整好笔触的宽度，并在海星的右上侧绘制高光点，填充颜色为（C:0，M:0，Y:30，K:0）。

至此，海星的轮廓和高光绘制完成，如图 7-3 所示。

图 7-3 为海星添加轮廓线和高光

3. 使用"椭圆形工具" 🔵绘制海星的眼睛。按住"Ctrl"键，用"椭圆形工具" 🔵绘制一个正圆形，打开"轮廓工具"组 🖋，选择"8 点轮廓"。打开"轮廓笔"对话框，选择"后台填充"和"按图像比例显示"复选框，单击"确定"按钮。填充颜色为白色。复制圆形对象作为眼球，缩小后打开"轮廓工具"组 🖋，删除轮廓线，填充颜色为黑色。再复制两个圆形作为眼睛的高光，填充颜色为白色，缩小到目标大小，放在眼球边上，选择眼睛的所有对象，执行"群组"命令。选择新对象进行复制，绘制海星眼睛的过程及效果如图 7-4 所示。

图 7-4 绘制眼睛的步骤及效果

4. 绘制海星的"嘴"，使用"手绘工具" 🖋绘制一个长条形，再用"形状工具" 🔧在轮廓线上调整节点，填充颜色为黑色。绘制海星的"舌"，先用"手绘工具" 🖋绘制一个圆形，再用"形状工具" 🔧在轮廓线上调整节点，尽量减少节点数量。打开"轮廓工具"组 🖋，选择"8 点轮廓"。打开"轮廓笔"对话框，选择"后台填充"和"按图像比例显示"复选框,单击"确定"按钮。填充颜色为(C:0, M:60, Y:100, K:0)。把"舌"放在"嘴"左上角,把两组对象"群组",如图 7-5 所示。

图 7-5   绘制嘴巴步骤及效果

5. 使用"椭圆形工具" 绘制一个正圆形,打开"轮廓工具"组 ,选择"8 点轮廓"。打开"轮廓笔"对话框,选择"后台填充"和"按图像比例显示"复选框,单击"确定"按钮。填充颜色为(C:60, M:0, Y:0, K:0)。选择"多边形工具" ,在属性栏设置边的数量为 24,按住"Ctrl"键绘制一个正多边形。使用"形状工具" 选择多边形内角的任意节点向外拖动。删除轮廓线,填充颜色为(C:100, M:20, Y:0, K:0)。选择圆形和多边形,打开"对齐与分布"对话框,选择"垂直居中对齐"和"水平居中对齐"选项,单击"应用"按钮,使其中心对齐,徽章形状的背景绘制完成,效果如图 7-6 所示。

图 7-6   绘制背景

6. 选择海星的所有元素对象进行"群组",叠放在徽章形背景之上,其摆放位置不要使用"对齐与分布"命令,放在视觉中心即可,制作完成的效果如图 7-7 所示。

图 7-7   叠放小海星效果图

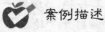 **案例 11   标志设计**

案例描述

使用"交互式调和工具"和"造型"等命令,绘制如图 7-8 所示的"艺术之家标志",

并通过案例掌握标志设计的一般方法。

图 7-8 "艺术之家标志"效果图

 案例分析

● 以"艺术家"的英文单词"Artist"的第一个字母"A"为设计素材。
● 使用"造型"中的"焊接" 和"修剪"命令绘制字母"A"。
● 使用"交互式调和工具" 绘制星形。

 操作步骤

1. 新建文件，按"Ctrl+S"组合键保存文件，输入文件名"艺术之家标志"，单击"确定"按钮。

2. 选择工具箱中的"表格工具" ▦ ，将属性栏里"行数"和"列数"的数值设置为10。按住"Ctrl"键，拖动鼠标绘制一个正方形的网格，一个网格为一个元素单位。

3. 使用"矩形工具" ▭ 在网格内画 3 个长方形，横长方形宽度为 10 个单位，高度为 2 个单位，位置在第四和第五（自下而上）网格之间。右侧竖长方形宽度为 2 个单位，高度为 10 个单位，位置在第一和第二（自右向左）网格之间。左侧竖长方形因为需要倾斜，所以增加了宽度，宽度为 2.5 个单位，高度为 10 个单位，位置在第八和第十（自右向左）网格之间。

4. 选中左侧长方形，再次单击，控制点变成双向箭头，把鼠标移至上端中间的控制点，按住鼠标左键向右侧拖动，上端和右侧的长方形重叠。选择其 3 个对象，填充颜色为（C:100，M:40，Y:0，K:0），效果如图 7-9 所示。

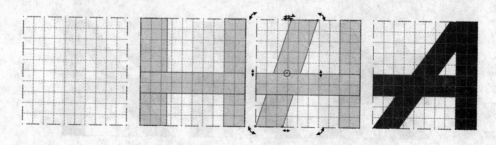

图 7-9 绘制字母"A"的轮廓

5. 选择"多边形工具" ⬠ ，在属性栏中设置边的数量为 5，按住"Ctrl"键绘制一个正五角星。使用"形状工具" ，选择五角星内角的任意节点向外拖动。再次单击对象，按住上端中间控制点向右侧拖动，使其倾斜。选择五角星，执行菜单"排列→转换为曲线"命令，使用"形状工具" 调整节点，选中全部节点，单击属性栏"转换直线为曲线"按钮，逐一调整节点杠杆，使星形生动活泼。填充颜色为（C:0，M:60，Y:100，K:0），如图 7-10 所示。

图 7-10　绘制星形

6. 选择星形对象，按"Shift"键向内拖动角上的控制点，到达目标位置后，完成星形同心缩小的复制。填充颜色为（C:0，M:0，Y:100，K:0）。

选择"交互式调和工具" ，单击外面的星形，拖动鼠标至中心的小星形，其属性栏里"步长或调和形状之间的偏移量"的数值调整为 10，"群组"后删除轮廓线，如图 7-11 所示。

图 7-11　使用"交互式调和工具"修饰星形效果图

7. 把星形放在网格内，位置在第六、第十（自右向左）和第五、第九（自下而上）网格之间。加选横向长方形，执行属性栏里"修剪" 命令，修剪横向长方形。选择星形对象，按"Shift"键向内拖动角上的控制点，缩小星形，使之和"A"之间留有缝隙，如图 7-12 所示。

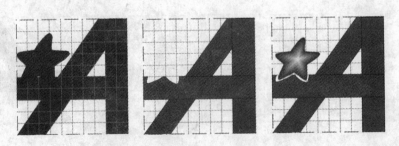

图 7-12　"修剪"A 字效果图

8. 选中字母"A"的所有元素对象，打开菜单中的"排列→造型"子菜单，执行　"焊接"$\square$命令,使之成为一个整体,删除轮廓线和网格。如图 7-13 所示,简洁醒目的"艺术之家标志"设计完成。

图 7-13 "焊接"字母元素和删除网格的效果

案例 12 　阿迪达斯标志(A)

 案例描述

使用"造型"中的"修剪"命令,绘制如图 7-14 所示的阿迪达斯标志。

图 7-14 "阿迪达斯标志"效果图

 案例分析

● 以"adidas"的英文字母为设计素材。
● 使用"造型"中的"修剪"$\square$命令绘制条纹图形。

操作步骤

1. 新建文件,按"Ctrl+S"组合键保存文件,输入文件名"阿迪达斯标志 A",单击"确定"按钮。
2. 使用"矩形工具"$\square$绘制长方形,填充颜色为黑色。
3. 选择长方形,按住鼠标左键向左下方拖动,单击鼠标右键,对长方形移动并复制。按"Ctrl+R"组合键进行"重复移动"。选中 3 个长方形并"群组",旋转 45°,如图 7-15 所示。
4. 使用"矩形工具"$\square$绘制长方形,叠放在群组对象上,执行"造型"中的"移除前面对象"$\square$命令,如图 7-16 所示。

图 7-15 "重复移动"长方形并使之旋转

图 7-16 执行"移除前面对象"命令的效果

5. 选择"文本工具"输入美术字"adidas",并与对象组结合,文本自动转换为曲线图形。"阿迪达斯标志 A"设计完成,最终效果如图 7-14 所示。

案例 13   阿迪达斯标志(B)

案例描述

使用"造型"中的"相交"和"修剪"命令,绘制如图 7-17 所示的阿迪达斯标志。

图 7-17 "阿迪达斯标志"效果图

 案例分析

● 以"adidas"的英文字母为设计素材。
● 使用"造型"中的"相交"和"修剪"  命令绘制花朵图形。

![操作图标] 操作步骤

1. 新建文件，按 "Ctrl+S" 组合键保存文件，输入文件名 "阿迪达斯标志 B"，单击 "确定" 按钮。

2. 使用 "椭圆形工具" ◯绘制椭圆形，按住 "Ctrl" 键水平移动，同时复制一个椭圆形，两个椭圆形要有一部分相交。选中两个椭圆形，打开菜单 "排列→造型" 子菜单，执行 "相交" ◧命令，创建一个花瓣形的新图形对象，填充颜色为黑色，如图 7-18 所示。

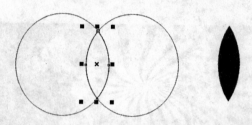

图 7-18 执行 "相交" 命令的效果

3. 选择花瓣形对象，按住鼠标左键向左拖动，对花瓣形对象移动并复制。再次单击对象，控制点变成双向箭头时，把光标放在左上角旋转拖动，如图 7-19 所示。

4. 选择旋转后的花瓣形对象，按住 "Ctrl" 键水平移动，同时复制一个，执行属性栏中的 "水平镜像" ◫命令，使之对称摆放。选中 3 个花瓣形对象，执行属性栏中的 "结合" 命令，使 3 个图形对象成为一个图形，如图 7-19 所示。

图 7-19 "旋转"、"复制" 和 "镜像" 花瓣的效果

5. 使用 "矩形工具" ▭绘制长方形并复制，按 "Ctrl+R" 组合键进行 "重复移动"，选中 3 个长方形进行 "群组"。

6. 把长方形对象组叠放在花瓣形象对象上，打开菜单 "排列→造型" 子菜单，执行 "移除前面对象" ◨命令，在花瓣形对象上修剪出条纹，如图 7-20 所示。

7. 选择 "文本工具" 字输入美术字 "adidas"，并与对象组结合，"阿迪达斯标志 B" 设计完成，最终效果如图 7-17 所示。

图 7-20 执行 "移除前面对象" 命令的效果

案例 14   舞会海报设计

 案例描述

使用位图和矢量图之间的转换及"文本工具"绘制如图 7-21 所示的"舞会海报",并学习掌握海报设计的一般方法。

图 7-21   "舞会海报"效果图

案例分析

- 使用"转换为位图"把矢量图转换为位图,并添加艺术效果。
- 使用"位图颜色遮罩"泊坞窗为图片去除底色。

操作步骤

1. 新建文件,按"Ctrl+S"组合键保存文件,输入文件名"舞会海报",单击"确定"按钮。

2. 用"手绘工具"绘制一个细长的三角形,再使用"挑选工具"单击三角形,移动中心点至三角形的最尖端,旋转拖动与中心点成对角线的控制点并复制。按住"Ctrl"键,连续单击"R"键进行重复复制。"群组"所有对象,删除轮廓线,填充颜色为黑色,如图 7-22 所示。

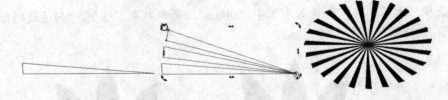

图 7-22   绘制底纹的步骤

3. 用"矩形工具"绘制长方形,叠放在底纹上。加选底纹对象,打开菜单中的"排列→造型"子菜单,执行"相交"命令,生成新的底纹图形。删除原来的底纹,如

图 7-23 所示。

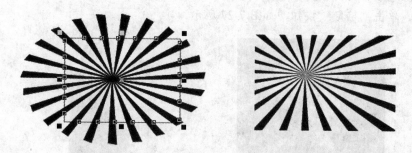

图 7-23 使用"造型"中的"相交"修整底纹

4. 打开"填充工具"组，使用"渐变工具" 为长方形填充颜色。打开"渐变工具" 对话框，选择"射线"类型，起点颜色为（C:0，M:100，Y:100，K:10），末点颜色为白色。把底纹叠放在上面，如图 7-24 所示。

图 7-24 为海报背景填充渐变颜色

5. 选择所有对象，执行菜单"位图→转换为位图"命令，把矢量图转换成位图。打开菜单"位图→扭曲"子菜单，选择"漩涡"命令，为图片添加"漩涡"艺术效果，如图 7-25 所示。至此，海报背景绘制完成。

图 7-25 为海报背景添加"漩涡"艺术效果

6. 执行菜单"文件→导入"命令，或按"Ctrl+I"组合键，导入"国标舞"素材图片。选择图片并执行菜单"位图→位图颜色遮罩"命令，选择"隐藏颜色"单选按钮，使用"颜色选择" 吸管选取图片的背景色，"容限"滑块调整为 2，单击"应用"按钮。如图 7-26 所示，图片的背景被删除了。

7. 导入"书法"素材图片。选择图片，执行菜单"位图→快速描摹"命令，把位图转换为矢量图，执行属性栏里"取消群组"命令，删除多余的图形，再选中"舞"字所有的图形元素，执行属性栏里中"结合"命令，"舞"字完整的矢量图形制作完成。填充颜色为（C:0，M:0，Y:100，K:0），打开"轮廓工具"组，选择"8 点轮廓"。打开"轮廓笔"对话框，轮廓线颜色选择为（C:0，M:100，Y:100，K:0），选择"后台填充"和"按图像比例显示"复选框，单击"确定"按钮，如图 7-27 所示。

图 7-26　使用"位图颜色遮罩泊坞窗"删除图片背景

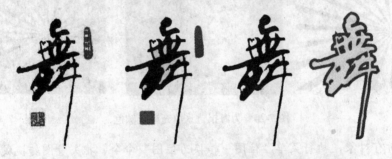

图 7-27　把"书法"位图转换为矢量图并添加颜色的效果

　　8. 选择"文本工具" 字 后，输入美术字"新年舞会"。 使用 "椭圆形工具" 绘制一个椭圆形，加选文本对象，执行菜单"文本→使文本适合路径"命令，文本自动与路径切合。执行菜单"排列→打散在一路径上的文本"命令，使文字与路径分离，并删除椭圆形。选择文字"新年舞会"，填充颜色为白色，打开"轮廓工具"组 ，选择"8 点轮廓"。打开"轮廓笔"对话框，轮廓线颜色选择为（C:0，M:100，Y:100，K:0），选择"后台填充"和"按图像比例显示"复选框，单击"确定"按钮，如图 7-28 所示。

新年舞会　　新年舞会　　新年舞会

图 7-28　使文本适合椭圆形路径的效果图

　　9. 选择"文本工具" 字 输入时间、地点和主办单位的文本信息。排列方式为左对齐，颜色填充黑色。为凸显文字，在每行文字之间，使用"矩形工具" 画长方形细条，颜色填充白色，删除轮廓线。

　　10. 选择书法"舞"字，使用"交互式阴影工具" 添加阴影。把去除背景的"国标舞"图片、书法"舞"图形和所有文本对象，叠放在底纹背景上，"舞会海报"绘制完成，如图 7-29 所示。

图 7-29 为"舞"字添加阴影及"新年舞会"效果图

 案例 15   国庆大酬宾海报设计

案例描述

运用位图转换矢量图的功能及"文本工具"，绘制如图 7-30 所示的"国庆大酬宾"海报，学习并掌握海报设计的基本要素和环节。

图 7-30 "国庆大酬宾"海报效果图

 案例分析

● 使用"描摹位图"把位图转换为矢量图，并添加艺术效果。
● 使用"交互式透明工具" 使图片部分淡化。

操作步骤

1. 新建文件，按"Ctrl+S"组合键保存文件，输入文件名"国庆大酬宾海报"，单击"确定"按钮。

2. 导入"国庆"素材图片。打开属性栏中"描摹位图"下拉表，执行"快速描摹"命令，把"国庆"素材图片转换成位图。使用"交互式透明工具" 使图片部分淡化，效果如图 7-31 所示。

图 7-31　把位图转换为矢量图并使之透明

3. 选择"文本工具" 字后，输入文字"国庆大酬宾"。选择醒目时尚的字体，调整文字大小。使用"椭圆形工具" 绘制椭圆形，按"Shift"键加选文字，执行菜单"文本→使文本适合路径"命令，使文字沿椭圆路径呈圆弧形排列。执行菜单"排列→打散在一路径上的文本"命令，把文字和椭圆形分开，摆放在底版的中心。打开"轮廓笔" 工具对话框，其轮廓线颜色选择白色，选择"后台填充"和"按图像比例显示"复选框，单击"确定"按钮。文字填充红色后，如图 7-32 所示。

图 7-32　使文字合适路径并和路径分离

4. 选择"文本工具" 字后，分别输入文字"买 300 送 200"和"银座国际商厦"。选择好字体，再调整文字大小。打开"轮廓笔"工具 对话框，其轮廓线颜色选择红色，选择"后台填充"和"按图像比例显示"复选框，单击"确定"按钮。文字填充的颜色为白色。

5. 使用"艺术笔工具" 绘制一条斜线条，复制一个并错开摆放，下层填充颜色黑色，上层填充颜色红色。把文字沿线条方向摆放，并与线条一起"群组"，如图 7-33 所示。

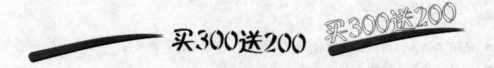

图 7-33　"艺术笔"线条和文字填充效果

6. 使用"矩形工具" 绘制一个矩形礼盒，执行菜单"排列→转换为曲线"命令，按礼盒的各个面的形状使用"形状工具" 调整节点。以"渐变工具"填充颜色表现盒子的立体感。打开"渐变填充"工具对话框，选择填充类型为"线性"，盒盖填充颜色起点为月光绿，末点为（C:10，M:0，Y:50，K:0）。完成后，把礼盒的各元素"群组"，并删除轮廓线，如图 7-34 所示。

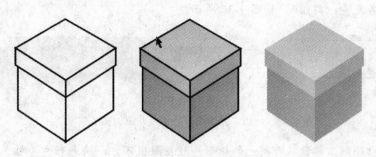

图 7-34 礼盒的绘制和填充

7. 礼盒丝带的绘制。使用"矩形工具"绘制一个矩形，执行菜单"排列→转换为曲线"命令，按丝带的各个面的形状使用"形状工具"调整节点，填充颜色（C:100）。蝴蝶结使用"手绘工具"绘制，以"渐变工具"和"均匀填充"工具填充颜色，主色为（C:100），高光色为（C:30），阴影的渐变颜色起点（C:100，M:40），末点（C:30，M:0，Y:0，K:0）。完成后，把丝带的各元素"群组"，再加选礼盒一起"群组"，如图 7-35 所示。

图 7-35 丝带填充和礼盒"群组"效果

8. 选择礼盒对象组并复制一个，缩小后再拖动上面中间控制点，把礼盒压扁。选择两个礼盒，按"Ctrl"键水平移动再复制，执行属性栏里"水平镜像"命令，把两组礼盒分别放在海报两侧，如图 7-36 所示。

图 7-36 礼盒的"复制"与"镜像"效果

9. 打开"基本形状"工具组，选择"标题形状"工具，在属性栏单击"完美形状工具组"中的挑选工具，在页面上拖动绘制出需要的图形，填充颜色为红色。

10. 使用"文本工具"分别输入文字"10 月 1 日——10 月 8 日"。选择好字体，调整文字大小，并与"完美形状"图形以"垂直居中"  方式对齐，其文字填充颜色为黑色。完成后把各元素"群组"，如图 7-37 所示。

图 7-37　使用"完美选择"工具并添加文字效果

11. 使用"矩形工具" 绘制一个矩形，放在海报下方，填充颜色为红色。使用"文本工具" **字** 输入地址和电话，文字填充颜色为白色，并与红色长方形以"水平居中"方式对齐，放在长方形右侧。

12. 把所有对象和对象组排列布局，完成效果如图 7-30 所示。

案例 16　　中秋礼盒

 案例描述

根据如图 7-38 所示的"月饼"素材，充分利用"渐变工具"的各种填充类型，绘制如图 7-39 所示的"中秋礼盒"效果图。

图 7-38　"月饼"素材

图 7-39　"中秋礼盒"效果图

 案例分析

● 使用"位图"菜单中的"位图颜色遮罩"泊坞窗，删除"月饼"素材图片的背景色。
● 使用"渐变工具"的各种填充类型，表现礼盒华丽的金属质感，从而表现中华民族传统节日的喜庆气氛。

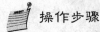 操作步骤

1. 执行菜单"文件→新建"命令，创建新文件。保存文件，命名为"中秋礼盒"。

2. 使用"矩形工具"□绘制一个矩形。打开"渐变填充"工具对话框，选择填充类型为"方角"，填充颜色起点（C:50，M:95，Y:95，K:10），末点为（M:100，Y:100），效果如图 7-40 所示。

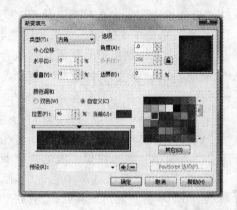

图 7-40 "渐变填充"对话框和填充效果

3. 使用"文本工具"字输入文字"花好月圆"。选择古朴典雅的字体，并调整文字大小，执行菜单"排列→打散"命令，把文字打散成单个，分别摆放在底版的四角，执行"群组"命令。打开"渐变填充"工具对话框，选择填充类型为"线性"，填充颜色起点（C:50，M:95，Y:95，K:10），末点为（M:90，Y:90，K:20），效果如图 7-41 所示。

图 7-41 拆分文本并填充颜色

4. 使用"椭圆形工具"○绘制椭圆形，并复制同心椭圆，选中两个椭圆形，执行属性栏中"结合"命令，使两个椭圆形成为圆环。以"渐变填充"工具填充颜色，选择填充类型为"线性"，起点：深黄，中间：金、深黄，末点：香蕉黄。复制一个错开摆放，下层填充颜色为黑色，使两个椭圆环群组，效果如图 7-42（a）所示。

5. 使用"椭圆形工具"绘制椭圆形，排序在椭圆环之后，以"渐变填充"工具填充颜色，选择填充类型为"线性"，起点：褐，末点：金，效果如图 7-42（b）所示。

（a）　　　　　　　　　（b）

图 7-42 金色渐变填充效果

6. 使用"矩形工具"□绘制长方形，复制 4 个并群组，与底色对象对齐。打开"渐变填充"工具对话框,选择填充类型为"线性",填充颜色起点:深黄,中间:金、深黄,末点:香蕉黄,"角度"选项为:45°。选择对象,按住鼠标左键向左下方拖动,单击鼠标右键,对长方形移动并复制。按"Ctrl+R"组合键进行"重复移动"两次,把4个细条长方形群组。

7. 把对象组复制,旋转 90°,与底板以"垂直中心" 方式对齐。使用"交互式透明

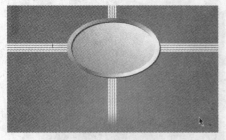

工具" 使下端透明,效果如图 7-43 所示。

8. 选择椭圆形和椭圆环,执行"群组"命令。以"垂直居中对齐" 方式与底版对齐。

9. 导入"月饼"素材图片。打开菜单"位图"中的"位图颜色遮罩"泊坞窗,选择"隐藏颜色"单选按钮,用选择"颜色选择"吸管,在背景色上选取颜色,"容限"滑块调至 80,单击"应用"按钮,"月饼"素材图片

图 7-43 金色条纹使用"交互式透明工具"的效果

的背景色被删除,如图 7-44 所示。

图 7-44 删除背景色

10. 使用"文本工具 字"输入中英文字,打开菜单"排列→变换"子菜单,执行"倾斜"命令,填充颜色起点(C:0,M:0,Y:50,K:0),复制一个错开摆放,下层填充颜色为黑色,将两层文字群组,效果如图 7-45 所示。

图 7-45 使文字"倾斜"并填充效果

11. 把所有对象和对象组排列布局,"中秋礼盒"最终效果如图 7-39 所示。

思考与实训

一、填空题

1. CorelDRAW X4 不仅是一个大型_____制作软件,同时也是一个大型的_____,它包括 CorelDRAW 插图、页面排版和矢量绘图程序,Corel PHOTO-PAINT 数字图像处理程序和 COREL

CAPTURE 截屏程序。

2. 在 CorelDRAW X4 中，选择"视图"菜单中的_____等辅助选项，有助于精确地绘制、对齐和定位对象，方便快捷地进行创作。

3. 选中第一个对象，按_____键不放，单击要加选的其他对象，可选取多个对象。

4. _____可以绘制间距均匀且对称的螺旋图形。_____可以绘制出圈与圈之间的距离由内向外逐渐增大的螺旋图形。

5. _____不仅能填充局部颜色和轮廓颜色，还能对有闭合线条包围的空白区域进行填充。

6. 在"轮廓笔"对话框中选择_____可以弱化轮廓线，更加突出对象的形状。

7. 在绘制复杂的图形时，为避免受到其他对象操作的影响，可以对已经编辑好的对象进行_____。

8. 文本对象执行"转换为曲线"命令，可以由文本对象转换为_____，可以按照编辑_____的方法对外形进行编辑。

9. 复合调和是指对两个以上的对象进行_____调和。

10. 透明目标用于设置对象透明效果的范围，透明目标选项主要包括_____ 3 种。

11. 应用跟踪轮廓滤镜，可以突出显示图像元素的_____。打开跟踪轮廓对话框，设置边缘类型，拖动_____滑块调整轮廓层次的多少。

12. 段落文本除了基本属性选项外，还可以通过_____的使用，实现与图形的各种链接。

二、上机实训

1. 使用"造型"中的"修剪"及"渐变工具"的各种工具绘制如图 7-46 所示的"铃铛"。

提示：
● 使用"造型"中的"修剪" ▣ 命令制作叶子。
● 运用"渐变工具"的各种类型分别填充小球、叶子和铃铛，以表现出不同的质感。

2. 使用"手绘工具"和"渐变工具"的各种填充类型绘制如图 7-47 所示的"圣诞快乐"卡片。

图 7-46 "铃铛"效果图

图 7-47 "圣诞快乐"效果图

提示：
● 使用"手绘工具" 绘制圣诞树等图形。
● 运用"渐变工具"的各种类型的填充表现星光、小球和雪人的不同质感。

反侵权盗版声明

电子工业出版社依法对本作品享有专有出版权。任何未经权利人书面许可，复制、销售或通过信息网络传播本作品的行为；歪曲、篡改、剽窃本作品的行为，均违反《中华人民共和国著作权法》，其行为人应承担相应的民事责任和行政责任，构成犯罪的，将被依法追究刑事责任。

为了维护市场秩序，保护权利人的合法权益，我社将依法查处和打击侵权盗版的单位和个人。欢迎社会各界人士积极举报侵权盗版行为，本社将奖励举报有功人员，并保证举报人的信息不被泄露。

举报电话：（010）88254396；（010）88258888

传　　真：（010）88254397

E-mail：dbqq@phei.com.cn

通信地址：北京市万寿路 173 信箱
　　　　　电子工业出版社总编办公室

邮　　编：100036